Namen-Verzeichnis

zu

J. Köhler's Plan

der

Hansestadt Hamburg

1 : 20 000

mit Verzeichnis der umbenannten Straßen

einschl. der Änderungen vom 30. 11. 1938

und 20. 7. 1939

Verlag Friederichsen, de Gruyter & Co.
Hamburg

Zur Beachtung beim Aufsuchen von Straßennamen

Die Einordnung der Straßennamen erfolgte streng alphabetisch, wobei jeweils das erste Wort des Namens maßgebend war. So ist z. B. die „Neue ABC-Straße" unter „Neue" zu finden, „Von-Essen-Str." unter „Von" usw. Die Umlaute ä, ö, ü sind als Selbstlaute behandelt und nicht als „ae" usw. „Bärenallee" steht also hinter „Bardenweg" und nicht hinter „Badestr." usw.

A

Aalheitengraben Za 1m
Aalort W 1l
ABC-Straße N 9
Abendrothstr. M 5/6
Abteistr. N 6
Achter Billing T 1k
Achter de Höf Aa/b 6
Achter de Wisch Zd 21
Achterkamp P 22
Achtern Hoff Z 1m
Achtern Hollerbusch W [1l
Achtern Sand Ab/c 6
Achtern Styg F 5
Achterschlag Ze/f 18/19
Achterweide R 13
Ackermannsweg P 8
Ackerstieg E 4
Ackerweg D/E 18
Adalbert-Stifter-Weg P5
Adalbertstr. C 7
Adam-Kraft-Weg G 7
Adickesstr. G 8
Adlerstr. S 5
Admiral-Hipper-Str. [C/D 7/8
Admiralitätstr. N 9/10
Admiral-Reuter-Str. C/D9
Admiral-Scheer-Str.
Adolf-Bartels-Str. J/K 9
Adolf-Hitler-Platz N/O9
Adolf-Hitler-Str. N/P 3/4
Adolf-von-Elm-Hof L 20
Adolf-Wagner-Str. L 20
Adolf-Wilmans-Str. N15
Adolphsbrücke N 9
Adolphsplatz N 9
Adolphstr. P 6/7
Afrikahöft N 11
Afrikakai N/O 11/12
Afrikastr. N/O 11/12
Aftekergang V 1l
Agathenstr. M 7
Agnesstr. O 6
Ahlfeld P/Q1m/n
Ahlwisch W 1k/l
Ahnenweg Zb 15
Ahornallee M 3/4
Ahornkamp P/Q 1
Ahornstr. T/U 7/8
Ahornweg X 1l
Ahrensburger Platz [Z/Za 1l
Ahrensburger Str. R/S5/6
Ahrensburger Weg Za 1l
Akazienallee P 1
Akazienweg A 7
Alardusstr. L 6
Albers-Schönberg-Weg [R 4
Albertstr. P 9
Albrecht-Roscher-Str. J 9
Albrechtstr. G 3
Aldenrathsweg R 4
Alemannenweg S 10
Alexanderstr. P 9
Alfred-Brehm-Weg K 5/6
Alfred-Martens-Str. V 1l
Alfred-Richter-Str. V/W3
Alfred-Roth-Str. Zd 16
Alfredstr. Q 8/9
Alfred-Wegener-Weg [M 10
Allee K/L 8/9
Allensteiner Str. T 5
Alphonsstr. U 7
Alsen-Platz L 8
Alsenstr. L 8
Alsterarkaden N 9
Alsterberg P 1/2
Alsterblick W 1f
Alsterchaussee O 7
Alsterdamm O 9
Alsterdorf. Damm O 2/3
Alsterdorfer Str. O/Q 2/4
Alsterfurt U 1k
Alsterglacis N/O 8
Alsterhöhe W 1f
Alsterkamp O 6
Alsterkrüger Kehre O 2
Alsterkrugchaussee [N/P 1o/4
Alsterredder U/V 1l
Alsterstieg T 1n
Alsterterrasse N/O 8
Alstertor O 9
Alstertwiete O 8/9
Alsterufer O 7/8
Alte Brauerei T/U 6
Alte Dorfstr. X/Y 1g
Alte Holstenstr. Zc 15/16
Alte Landstr. R/T 1l/o
Altenfelder Weg P/R [16/17
Altengammer Elbdeich [Zf/i 22/23
Altengammer Haus- [deich Ze/f 22/23
Altengammer Kirchen- [weg Zg/h 20/22
Altenwerder Damm [J 12/13
Altenwallbrücke N 9
Altenwärder Elbdeich [H/J 14
Altenwärder Kirchweg [H 14
Altenwerder Querweg [H/K 14
Alte Rabenstr. O 7
Alter Bauerberg T 9
Alter Landweg U/V 13
Alter Postweg L/M 18/19
Alter Rehagen R 1l/m
Alter Schulweg L 4
Alter Steinweg N 9
Alter Stillhorner Deich [P/R 17
Alter Teichweg R/T 5/6
Alter Wall N 9
Alter Wandrahm O 10
Alter Weg K 6
Alter Wildpfahl Y 1i
Alter Zollweg X/Y 2/3
Alte Schleuse N 14/15
Alte Schmiede W 1k
Alte Stadtscheide G 18/21
Alte Wildnis O 20
Alte Wöhr Q/R 4
Altländer Str. O/10
Altmannstr. O/P 9
Altonaer Bäckerstr. K 10
Altonaer Bahnhofsplatz [K 9

Altonaer Bahnhofstraße
[K 9/10
Altonaer Bergstr. K/L 9
Altonaer Elbstr. K 10
Altonaer Fischerstr. K 10
Altonaer Fischmarkt L 10
Altonaer Landungsbr.
[K 10
Altonaer Marktstr. K 9
Altonaer Mühlenstraße
[K/L 10
Altonaer Münzmarkt L 9
Altonaer Rathausmarkt
[L 9
Altonaer Schmiedestr.
[K/L 9/10
Altonaer Str. L/M 8
Altonaer Westerstr. K 9
Altrahlstedter Redder
[Y 4
Altrahlstedter Stieg Y 4
Altstädterstr. O 9
Altstädter Twiete O 9
Altwiedentaler Str. G
[17/18
Alverslohweg Z 11
Am Abhang B 9
Amalie-Dietrichs-Weg
[S 5
Amalie-Schoppe-Weg
[S 5
Am Alsterfleet N 9
Am alten Deich O/P
[16/17
Am alten Gericht P 16
Am alten Zoll V 11
Amandastr. L/M 8
Am Backofen Q 1n
Am Bahndamm P 11/12
Am Bahnhof Zc 16
Am Barls D 4/6
Am Baum Zd 16
Am Beckerkamp F 8
Am Beerbusch W 1j
Ambergstr. Zd 16
Am Berner Wald W/X 1o
Am Billkanal R 10
Am Birkenhain Zd 17
Am Blumenacker P 1o/1
Am Bondenwald K 1/2
Am Born J 9
Am Botterbarg G 6/7
Am Bredenbeek X 1h
Am Brink Zc 16
Am Brunnenhof L 9
Am Burgberg O/P 22
Am Busbrook X 1
Am Dachstein M/N 20
Am Damm U 1o
Am Deich Zb 16
Am Deichdenkmal P/Q16
Am Diebsteich G/J 6/7
Am Doktorberg Zd 16
Am Dorfteich J 1n/o
Am Dreieck N 14
Am Eichenplatz D 7
Am Eichenrehm Za 1m
Am Eiland A 8
Am Elbpark M 9/10
Am Elbtunnel L/M 10
Am Elisabeth-Gehölz
[S 8/9
Amelungstr. N 9
Amerikahöft N 11
Amerikakai N/O 11
Amerikastr. N/P 11/12
Am Ernst-August-Kanal
[N 12/13
Am Exerzierplatz M 20
Am Fährkroog M 6
Am Farnhornberg F/G 5
Am Felde J 9
Am Feuerturm L 22/23
Am Fleet Venbrook Y 2
Am Frankenberg N 22
Am Friedhof Y 4/5
Am Geesthang V 10/11
Am Gehöckel R/S 1n
Am Gleise P 12
Am Gnadenberg Q 1n/o
Am Gojenboom T 9
Am großen Dahlen L/M
[21
Am großen Stein Y 1f
Am Grundwasserwerk
[V 6
Am Güterbahnhof Zb
[16/17
Am Hang A 9
Am Haselknick U/V 9
Am Hasenberge P/Q 1
Am Heegbarg U 1l/m
Am Heerskamp P1l
Am Heesen Z 13/14
Am Hegen Z/Zb 4/5
Am Hehsel S 1m/n
Am Hexenberg L 9/10
Am Hirschpark B 9
Am Hochbahnerheim V6
Am hohen Feld W 7
Am hohen Knäbel K
[20/21
Am hohen Stege Zc
Am Horner Moor U/V 9
Am Hornstück V/W 2
Am Hünenstein S 8
Am Husarendenkmal T8
Amidammachergang N9
Am Irrgarten M 19
Am Isfeld C 7
Am Jachthafen F 11
Am Jägerholz N 2
Am Kaiserstuhl H/J 19/20
Am Karpfenteich Q/R 1n
Am Kiekeberg A 8
Am Kirchenhang L 20
Am kleinen Dahlen M
[21
Am kleinen Kanal N 13
Am Klingenberg B 7/8
Am Knick L 22
Am Knill W/X 2/3
Am Koch-Büddig-Park
[H 9
Am Köhlbrand K 13
Am Köhlfleet F/G 11/12
Am Krähenberg A 7
Am Kratt E 5
Am Kroog X 2/3
Am Kuchenberg N 23
Am Lämmermarkt P 8/9
Am Langenborn L 2
Am Langen Zug P 6
Am Lehmberg X 3/4
Am Leuchtturm Aa 7
Am Luisenhof V 3
Am Lustberg P 1
Am Marienhof U 1l
Am Melzenberg O 21
Ammernweg G 4
Am Mittelkanal P 10
Am Möörkenteich K 9
Am Moldauhafen O/P
[11/12.
Am Mühlenteich H 4
Am Nobisteich L 9
Am Nobistor L 9
Am Ochsenzoll O/Q1j
Am Ohlendorffturm Z 4
Am Oortensiek P 1/2
Am Osdorfer Born
[C/D 5/7
Am Papenbrack O 16/17
Am Pavillon M 22/23
Am Pfeilshof U/V 1n
Am Pfingstberg Zd 16
Am Pflug J 9
Am Platz N 19
Am Pulverhof X 4
Am Pumpenkamp A 7/8
Am Quickborn G 7
Am Rabenstein L/M 21
Am Radeland J/L 18
Am Räh J/K 1
Am Reiherhorst J 18
Am Rissener Bahnhof
[Ab 6
Am Rönk U 2/3
Am Rütersberg L 3/4
Amrumer Knick X 11
Am Saalehafen P 12
Am Schießstand W 7
Am Schiffbeker Berg
[U 10
Am Schiffwasser Zc 16
Am Schlachthof M 8
Am Schützenhof Y/Z 5
Am Schulgarten V 6
Am See T 2
Amselstr. R 6
Amselweg X 1o
Amsinckkai P 12
Amsinckstr. P 10
Am Soldatenfriedhof
[M/N 19
Am Sood J 9
Am Sooren Z/Za 4
Am Soodbörn L 2
Am Sorgfeld A 6/7
Am Spreengraben Q
[14/15
Am Stadtrand U/V 4
Am Stein S 1o
Am Steinlager S/T 11
Am Stühm U/V 1o/1
Am Teich G 9
Am Tie L 19
Amtmann-Stapel-Str. L 4
Am Tonndorfer Strand
[W 5
Am Travehafen L/M 13
Am Turnplatz P 16
Am Überseeheim P 13
Am Viereck E 7
Am Vorhafen K/L 11
Am Vorwerk W 12
Am Waldesrand Z/Za 4
Am Wall N 19
Am Wandsbeker Neu-
[markt T/U 5/6
Am Wandse-Ufer W/X
[4/5
Am Waseberg Ad/A 8
Am Wasserturm V 6
Am Weiher L 6
Am Weißenberge P 2
Am Werder N 19
Am Winsberg H 6/7
Am Woold J 3
Am Wülpensand Aa 6
Am Ziegelteich J/K 6/7
Am Zietenteich G 9
Am Zollhafen P 12
Anberg N 10
Anckelmannsplatz Q 9
Anckelmannstr. Q 9
An den Bahngärten T 7
An den Beeten N 23
An den Schranken Y 3
An den Tannen Zb 15

An der Alster O/P 8
An der Baumschule O 1n
An der Bergkoppel Zb 15
An der Blütenmauer [P 2/3
An der Bünte K/L 19/20
An der Drooselbek W 1g
An der Eiche P 22
An der Furt W 1m/n
An der Glinder Au [X/Y 11
Anderheitsallee T/U 1
An der Hövelwettern [P 13
An der Kreisbahn X 12
An der Landscheide [M 18
An der Lohe L 1
An d. Marien-Anl. T 8
An der Mühlenwettern [P 16
An der Osterbek U 4
An der Pollhofsbrücke [Zd 17
An der Saselbek W/X 11
An der Schonung S 1j
Andersenstr. B 6
An der Sternwarte Ze 17
An der Twiete Zb/c 15
An der Verbindungsb. [M/N 8
Andreas-Bauriedl-Str. T2
Andreas-Falkenberg-[Weg Zd 17
Andreas-Hofer-Stieg [N 21
Andreas-Meyer-Str. T/U [12/14
Andreasstr. O 6
Andreasweg X 1n
Anemonenweg T 5
Angelnstr. S 6
Angerstr. Q 8
Ankerplatz P 16
Annaberg V 10
Anna-Lührings-Weg T 9
Anna-Susanna-Stieg H/J [1n
Annenstr. L 9
An'n Füürdiek M 22
An'n Pool Zc 16
Ansgarstr. M 22/23
Ansorgeweg G 9
An't Braak F 11
Antilopenstieg J 4
Anton-Goldbach-Weg [H 9
Anton-Hechenberger-[Str. U 2
Antonistr. L 10
Anton-Schmidt-Weg E 9
Anzengruberstr. N 20
Apenrader Str. S 5
Appelbütteler Weg K/M [22
Appelhoff S 3
Archenholzstr. V/W 10
Arensweg P 5
Argentinienkai H/J 12
Argentinische Str. F 9
Armbruststr. K 6/7
Armgartstr. P 8
Arminiusstr. K 6
Arndesstieg W 11
Arndtstr. P 7
Arndtweg Zc 16
Arnemannstr. J 9/10
Arnemannweg S 5
Arningstr. N 11
Arnisstr. L 8
Arnkielstr. L 8

Arnold-Heise-Str. N/O 5
Arnoldistieg Zd 17
Arnold-Pitersen-Stieg [V/W 9
Arnoldstr. J 9
Arp-Snitger-Stieg A 13
Arrasweg K 8/9
Artilleriestr. U/X 7
Arturstr. Q 9
Asiakai O/P 11
Asiastr. O/P 11
Askaristieg V 7
Asmus-Semper-Weg J 10
Asmusweg S/T 8
Aspersort V/W 1
Asternstr. T 5
Astweg G 2
Asylstr. M 8
Auedeich F 12
Auenstieg Q 7
Auenstr. R 7
Auf dem Brande L 19/20
Auf dem Felde O/P 1m/n
Auf dem Kamp P 1
A. d. Königsland T 6
Auf dem Pfahlt X 1m
Auf dem Sande N 10
Auf dem Sülzbraak [Za 25/26
Auf den Blöcken R 8
Auf den Dorfstücken U 6
Auf den Wöörden Z 11
Auf der Bojewiese [Z/Za 14/15
Auf der Brandshofer [Schleuse Q 10
Auf der Bult Zc 16
Auf der Heide V/W 1m/n
Auf der Höhe P 14
Auf der Strenge Y 1g
Augustastr. Zc 16
August-Bolten-Weg B 7
Auguste-Baur-Str. A/B 8
Augustenburger Straße [K/L 8
Augustenburg. Ufer S 5
Augustenhöh G 7
August-Krogmann-Str. [V/W 1/3
Auguststr. P 7
Aurikelstieg P 3
Auslandsdeutscher Platz [N 19
Ausschläger Allee R/S [11/12
Ausschläger Billdeich [R/S 10
Ausschläger Elbdeich [R/S 11/12
Ausschläg. Weg Q 9/10
Außenmühlenweg N 20
Australiakai O 11/12
Australiastr. O 11/12
Avenariusstr. B 8
Averhoffstr. P/Q 7

B

Baakenbrücke O 10
Baakenhöft O 11
Baakenwärder Str. P 11
Baarkamp K 3
Baben Schierenkamp T [1m
Babenstieg Y 3
Babenwischenweg [Ab/c 3/4
Bachmaierweg L 9

Bachtwiete L 20
Bäckerbreitergang N 9
Badestr. O 7/8
Baggesenstieg U 1m
Bahiaplatz H 9
Bahiastr. H 9
Bahnhofsteg O 9
Bahrenf. Kirchenw. H 8
Bahrenfelder Markt-[platz G 8
Bahrenfelder Steind. J 8
Bahrenfelder Str. J 8/9
Balduinstr. L 9/10
Balthasar-Denner-Weg [L 9
Baltikumstr. O/P 1j
Banatstr. M/N 19/20
Bandkampsweg L 1
Bandwirkerstr. S 6
Banksstr. O/Q 10
Bansenstr. L 19
Bansgraben L 1o/1
Barcastr. P 8
Barckhusendamm W 11
Bardenweg Q/R 9
Bärenallee S 7
Barenkrug W/X 4
Bargacker T/U 2
Bargkoppelweg Y/Z 1
Bargstedgasse R 10
Barkendal E 18/19
Barkenkoppel T 1n
Barkhof O 9
Barlskamp E 5/6
Barmbecker Markt R 6
Barmbecker Str. O/P 4/6
Barner Str. J/K 8/9
Baron-Voght-Str. E/F 8/9
Barsbütteler Str. X/Y 7
Barsbütteler Weg Y 8/10
Bartelsstr. L/M 8
Barthold-Niebuhr-Str. F8
Bartholomäusstr. Q 6/7
Bartholomäusweg Q 7
Bartmannstreppe A 8
Basedowstr. Q/R 10
Basilierstr. T 6
Basselstieg K 5
Basselweg J/K 5
Bassinstr. P 7
Baubürgerweg Q 8
Bauerberg T 9
Bauernvogtskoppel U 1m
Baumacker G 2
Baumannstreppe K 10
Baumeister-Horn-Str. [S/T 7/8
Baumeisterstr. P 9
Baumkamp O 4
Baumschulonwog D 9
Baumstr. U/V 1
Baumtwiete O 4
Baumwall N 10
Baumweg A 6
Baurs Park E 2/3
Baurstr. G 8
Baurs Weg A 9
Baustr. Q 8
Bauvereinsstr. N 13
Bauwiesenstr. N 14
Beckedorfer Str. M 23/24
Beckerstreppe A 8
Beckersweg R 7/8
Beckmannstr. F 8
Beckstedtsweg M 1
Beckstr. M 8
Beekkamp X 6/7
Beekkampsweg X 7
Beekstück M 2/3
Beekweg X 11

Beekwisch X 1m
Beensroaredder Zb13/14
Beerentaltrift T/K 21
Beerentalweg K/L 20/21
Beerenweg J 7/8
Beethovenallee L 5
Beethovenstr. P/Q 6
Begel Z 1m/n
Begonienweg T 5
Behaimweg W 9
Behnkenkammer T 6
Behnstr. K 9/10
Behrensstr. U 8
Behrkampsweg L/M 4/5
Behrmannplatz L 4
Bei Casparus M 9
B. d. neuen Krahn N 10
Beidenfleetweg Z 5
Bei den Haferblöcken
[X 6/8
Bei den Höfen X 7
B. d. Kirchhöfen M/N 8
Bei den Mühren N 10
Bei den St.-Pauli-
[Landungsbrücken M 10
Bei den Zelten T 9
B. d. alten Börse N 10
Bei der alt. Fähre N 17
B. d. Anscharhöhe N 4
B. d. Apostelkirche K 6
Bei der blauen Brücke
[Ze 22
Bei der Bühne M 19
B. d. Christuskirche L 7
B. d. Erholung M 10
B. d. Flottb. Kirche F 7/8
B. d. Friedenseiche K 9
B. d. Friedenskirche R 8
B. d. grünen Brücke R10
B. d. Hammer Kirche S 9
B. d. Hauptfeuerwache
[P/Q 9
Bei der Hopfenkarre U 6
B. d. Johanniskirche L 8
Bei der Lutherkirche T 1n
B. d. Martinskirche T 9
B. d. Matthäuskirche P 5
Bei der Osterkirche J 9
Bei der Petrikirche O 9
Bei der Pulvermühle
[L/M 3
Bei der Reitbahn J 9
B. d. Rolandsm. H 9
B. d. St. Gertrudk. Q 7
Bei der Schilleroper L 8
Bei der Schleuse A 12
Bei der Schmiede Q 15
B. d. Stadtwasserm. N 9
Bei der Vogelstange
[S 8/9
Bei der Windmühle P15
B. alten Schützenh. Q 6
B. alt. Waisenhs. N 10
B. Andreasbrunnen N 5
Beim Arbeitslager P/Q
[15
Beim Avenberg T 18
B. Bergstedter Alters-
[heim X 1j
Beim Erdkamp P 1o
Beim Farenland X 1o
B. Gesundbrunnen Q 9
Beim großen Teich X1m
B. grünen Jäger L 8/9
Beim Haken Q 11
Beim Hammer Markt-
[platz S 9
Beim Heckende Z 3
Beim Hirtenkaten T 9
Beim Jacobistift O 4

Beim Kraftwerk M 10
Beim Kupferhammer U
[1k
Beim Lehmbrook V 4
Beimoorstr. R 6
Beim Pachthof T 9
Beim Quellental E 9
Beim Rauhen Hause T 9
Beim Riesenstein W 11
Beim Schäferhof P1n
Beim Schlump M 7
B. Schützenhof T/U 4
B. Sprützenhause L 10
Beim Storchnest Q 1
Beim Strohhause P/Q 9
Beim Treudelberg U 1j
Beim Trichter M 9
Beim Wandsbeker Rat-
[haus S 7
Bei St. Annen O 10
Bei St. Johannis N/O 7
Bei Schuldt's-Stift M 9
Beißerstr. R 3
Belgradstr. O 21/22
Belle-Alliance-Str. L 7
Bellevue O 6
Bellmannstr. F 8
Belowdamm M 6
Beltgens Garten R 9
Bendixensweg R 4
Beneckestr. N 7/8
Benittstr. F 11
Benningsenstr. M 19
Benzenbergweg R 4
Benzstr. J 9
Benzweg J 9
Beowulfsweg Aa 6
Bergedorfer Heerweg
[R/T 11/12
Bergedorf. Markt Zc 16
Bergedorfer Schloßstr.
[Zc 16
Bergiusstr. J 9
Bergkoppelweg P/Q1o
Bergnerpfad Zc 15
Bergnerstr. Zc 15/16
Bergstedter Alte Land-
[straße W 1k
Bergstedter Heerstr.
[V/W 1j/'
Bergstedter Kirchenstr.
[W 1j
Bergstedter Markt W 1k
Bergstr. O 9
Bergwinkel K 20
Berlepschstr. O 21
Berliner Tor P 9
Berliner-Tor-Damm Q 9
Berner Allee W/X 1o/1
Berner Aue W 1o
Berner Heerweg V/X
[1o/5
Berner Stieg X/Y 1
Berner Str. X/Y 1/2
Bernh.-Nocht-Str. L/M 10
Bernstorffstr. L 8/9
Bernt-Notke-Str. F/G 7
Bernwardkoppel K 1o
Berthastr. Q 6
Berthold-Schwartz-Str.
[X 4
Berzeliusstr. T/V 11
Beselerplatz F/G 8
Beselerstr. F 8
Besenbinderhof P 9
Besenreeg D 11
Besselstr. O 21
Bessemerweg J 8
Bessenkamp Za/b 5
Betenbrook H/K 17/18

Bethesdastr. Q/R 8/9
Beyendamm Z/Za 15
Beyerstr. P 9
Bi de Dörpsmeed C 18
Bi de Falkenbek E 18
Bi Drebargen E 4/7
Bieberstr. N 7
Bielenbergweg T/U 1h
Bienenkamp W 1n
Biernatzkistr. K 9/10
Bierstr. L 10
Billbrookdeich T/V 11/12
Billh. Brückenstr. Q 10/11
Billhorner Deich R 10/11
Billh. Kanalstr. Q/R 11
2. Billh. Kanalstr. R 11
Billh. Mühlenweg Q 11
Billh. Röhrend. Q/R 10/11
Billrothstr. K/L 9
Billstedter Bahnstieg
[W 12
Billstedter Mühlenweg
[W 11
Billstedter Reichsstr.
[U/W 10/11
Billstr. Q/S 10/11
Billungerweg L 19
Billwärder Billdeich
[V/Zb 11/19
Billwärder Elbdeich S/Z
[12/18
Billwärder Insel S 13/14
Billwärder Kirchensteg
[W 13
Billw. N. Deich Q/R 10/11
Billw. Steindamm R 10
Billwärder Str. Zb/c 16
Bilserstieg P 3
Bilserstr. O/P 3
Binderstr. N 7
Bindfeldweg K/L 1
Bi'n Graven D 18
Binnenfeldredder Zc/d
[14/15
Bi'n Sassenhof J 1o
Binsengrund U 4
Binsenkoppel T 1n/o
Binsenort E 4/5
Binsenweg P 1
Birkenallee X 4
Birkenau Q 7
Birkenkoppel T 11
Birkenredder Za 11
Birkenstieg Za 11
Birkenweg W/X 11/m
Birkhahnweg J 4
Birnweg P 1
Birrenkovenallee Y/Z 2/3
Bismarckstein D 2
Bismarckstr. L/M 6/7
Bissingstr. M 18/19
Blakshöörn W 1o/1
Blankeneser Bhfpl. B 8
Blankenes. Bhfstr. A/B 8
Blanken. Hauptstr. A 8/9
Blankeneser Kirchenweg
[B/C 9
Blanken. Landstr. A 7/8
Bläserstr. L 10
Blaukissenstieg P 3
Bleichenbrücke N 9
Bleicherstr. L 9
Bleichertwiete Zc 17
Blinkmannsweg Y/Z 3/4
Blöckhörn W 1m
Blohmstr. N 18/19
Blomkamp D/E 6
Blömkentwiet S 1k
Blumenau Q/R 7/8
Blumensand L/M 15

Blumenstieg E 8
Blumenstr. O 5/6
Blumenweg J1m
Blütenweg A 6
Boberger Furtweg Z 14
Boberger Str. T/U 9
Bocksfart W 11
Bockhorst C/D 7/8
Böcklinstr. G 8
Böckmannstr. P 9
Bodelschwinghstr. Q 2
Bodemannsweg E 12
Bodenbacher Weg T 1o
Bodenstedtstr. K 8/9
Bodestr. Za 14
Boelckestr. O 1n
Böge Y 1j
Bogenallee M 7
Bogenstr. M 6/7
Bohlens-Allee W 7
Böhmersweg O 7
Böhmestr. T 7
Böhmkenstr. M 10
Bohnenstr. N 9/10
Bohnstr. B 8
Boitzenweg R 10
Boizenburger Str. P 10
Bokelmannstr. N 19
Bökenremen G 7
Bökenremenweg G 7
Bokensteker Weg A 8
Bökeplanterstr. K 10
Bolivarstr. P/Q 4
Bollweg H 4
Boltensallee K 2
Bonifatiusstr. N 14/15
Boninstr. J 9
Bönningstedter Weg
[J1m
Bonusstr. O 21
Bookholtstwiete R 1o/l
Bookweetenkamp Aa 7
Boomhof S 9
Boomstücken Y 4
Boonsweg R 9
Boothsweg D 7/8
Borchardsheide W 11
Borchersstraat C 18
Bordesholmer Str. Z 3
Borgesch P 9
Borgfelder Allee Q 9
Borgfelder Str. Q/R 9
Borgweg P 5
Bornemannsstieg M 19
Borner Stieg P11
Bornhövedstr. K 7/8
Bornholdtstreppe A 8
Bornkamp U 7
Bornkamps Weg H/J 7/8
Bornplatz N 7
Börnsener Weg Zd/e 17
Bornstr. N 7
Borracksweg A 8
Borselstr. J 8/9
Börsenbrücke N 9
Borsigstr. T 11
Borsteler Chaussee
[M/N 2/3
Borstelmannsw. R/S 9/10
Borstelsende S 1o/l
Boßdorfstr. M 6
Bosselkamp G 8
Bötelroy L 6
Botenstieg S 7
Böttcherkamp E/F 5
Böttgerstr. O 7
Böverstland E/F 4
Bovestieg T 6
Bovestr. T 5/6
Boysenkamp Q 1n
Boysheide Q1k
Boystwiete Q1k
Boytinstr. Y 3
Bozenhardplatz P 8
Braamkamp O 4
Brabandstr. O/P 2
Brachvogelkamp V 1f/g
Brackdamm Q/R 10
Brackstr. O/P 16
Brahmsallee N 6/7
Brambergstr. Q 3
Bramfeld. Dorfplatz T 2
Bramfelder Heerstr.
[S/U 1/4
Bramfelder Marktstr. V1
Bramfelder Str. R/S 5/6
Bramfelder Weg V 2/3
Bramkoppel V 11
Brammhagener Damm
[P/Q 20
Bramstedter Str. K 8
Bramweg A 6
Brandenburger Str. N 12
Brandesstr. O 21
Brandheide Y 1h
Brandsende O 9
Brandstwiete O 10
Brandtsweg A 8
Bräsigkamp T 1
Brauerhof N 19
Brauerknechtgraben
[M/N 10
Brauerstr. O 10
Brauerstraßenbr. O 10
Braunauer Str. N 21
Braune Brücke S 10
Braunschweig. Str. J/K 9
Braußpark S 9
Breckwoldtstr. A 7/8
Bredenbeker Heerweg
[W/X 1f/h
Bredenbergsweg F 19
Bredeneschredder W 1k
Bredensand L/M 19
Brede Wisch Y 4
Bredkamp B 6/7
Bredstedter Str. S 6
Breedenweg X 10
Breefoord L 3
Breitenfeld. Str. M/N 5/6
Breiter Gang N 9
Breite Str. K/L 10
Brekelbaumspark Q 9
Bremer Reichsstr. J/N
[20/24
Bremerreihe P 9
Bremersweg A 8/9
Brennerhof T/U 14
Brennerstr. P 9
Brentanostr. D 8
Breslauer Straße L 12/13
Breuningstr. M/N 13
Brigittenstr. L 9
Brillkamp R 1n
Brix-Allee K 7
Brockdorfstr. Y/Z 4
Brockesallee P 9
Brockmannsweg M 8
Brödermannsweg M 3
Brodersweg O 7
Brodkoppel W 1n
Brodschrangen N/O 9/10
Bröerstreppe A 9
Brombeerweg Q1o/l
Brommystr. H/J 8
Brömsestieg Zc 16
Broockkampsweg M 1
Brook N 10
Brookdeich Zc/f 17/18
Brooksheide E 4
Brookstr. Zc 17
Brooktor O 10
Brooktorkai O 10
Brookwisch B 6
Brucknerstr. Q 6
Brückwiesenstr. M 3
Brüder-Behrmann-Str. J
[1n
Brüderstr. N 9
Brüggemannsweg R 3
Brügwischweg V 5/6
Bruhnrögenredder X 7/8
Bruhnsallee Y 3
Brummelhorn W 1o
Brummerskamp G 1
Brunckhorstweg J/K 6
Brunhildstr. Ab 5
Brunnenhofstr. L 9
Brunnenstieg E 11
1. Brunnenstr. N 9
2. Brunnenstr. N 9
Brünner Str. M 19/20
Brunsberg L/M 4
Brunsbüttler Weg H 4
Brünschentwiete Aa 6
Brunsdorfer Weg X/Y 1j
Brunskrogweg X 1g
Brunsstr. N 20
Brüttweg Zb/c 15/16
Buchenallee M 5
Buchenhof F 10
Buchenkamp Za 1m/n
Buchenstr. O 4
Buchenweg Zc 14
Buchheisterstr. L/M 11/12
Buchsbaumweg O 4
Buchtstr. P 8
Buchwaldstr. Y/Z 4
Buckhoop O11
Buckhorn Z 11
Buddestr. O/P 15
Buenos-Aires-Str. F/G 9
Bugenhagenstr. O 9
Bukamps Moor K 5
Bülaustr. P 8
Bullenhuser Damm R 10
Bullenkoppel U 4
Buller Deich Q/R 10
Bullertweg Q 15
Bullenwisch A/B 5/6
Bullskamp W/X 4
Bülowstr. H 9
Bültenblick O/P 1n
Bültenkoppel S/T 1k/l
Bundespassage N 8
Bundesstr. M/N 7/8
Bundesweg N 8
Bundsensweg S 9
Bunsenstr. J 8
Burbeckstr. F 2
Burchardplatz O 9
Burchardstr. O 9
Burgenländer Weg N22
Bürgerfeld K 9
Bürgermeister-Bleicken-
[Straße J 9
Bürgermeister-Steen-Str.
[T 4/5
Bürgerstr. R 7
Bürgerweide Q 8/9
Burggarten Q 9
Burgstr. R 8/9
Burggraben O/P 22
Burgwedel H 1m/n
Burgwedelkamp H1n
Büringstwiete Q 2
Burmesterstr. Q 5
Burstinstr. X/Y 3
Burvagtsheid Z/Za 5
Buscherweg P 14

Buschhägen U 3
Buschkamp Q1o
Buschkoppel S 3
Büschstr. N 9
Buschweide P 14
Bussardweg J 3
Bussestr. O 4
Butendeichsweg F 11
Butenfeldsreem L/M 5
Butenkamp O 4
Butenwarf E 11
Butenweid N 13
Büttskamp J 1n
Buttstr. L 10
Buurkamp O11
Buxtehuder Reichsstr. [M/N 18/19

C

Cäcilienstr. O 5
Caffamacherreihe N 9
Callenbergweg M 4
Campestr. Q 10
Canalstr. P 7
Canzlerstr. O/P 22
Capellenstr. O/P 9
Caprivistr. A/B 7
Carlshöhe V 1o/1
Carlstr. P 7
Carolinenstr. M 8
Carsten-Focksweg F 12/13
Casparstr. P 8
Caspar-Voght-Str. S 8/9
Catharinenbrücke N 10
Catharinenkirchhof O 10
Catharinenstr. N 10
Chamissoweg C 8
Chapeaurougeweg S 8/9
Charitas-Bischoff-[Treppe A 8
Charl.-Niese-Str. D 8/9
Charlottenstr. L 7
Chateauneufstr. S 8
Chaukenweg M 1n
Cheruskerweg K 6

Chilestr. H 7/8
Christian-Andresen-Str. [L 9
Christian-August-Weg [B/C 8
Christianstr. L 9
Christinenstr. Zc 15
Chrysanderstr. Zc/d15/16
Cimbernweg R 9
Circusweg M 9/10
Clärchenstr. O 5
Clasingstr. L 6
Classensweg U 1n
Claudiusstr. S/T 7/8
Clausewitzstr. S 1m
Claus-Ferck-Str. Z 1m
Claus-von-Pape-Str. V1o
Colmarer Str. S 6
Colonnaden N 8/9
Comeniusplatz Q 8
Compeweg M 19
Constantin-Hierl-Platz [Zd/e 17
Contastr. M 6
Conventstr. Q/R 8
Cordesweg O1m
Cordsstr. D 8
Cornehlsweg Za 1m/n
Corneliusstr. G 8
Corthumstr. Ze 17
Couriergang U/V 10
Cranachplatz G 8
Cranachstr. F/G 8
Cranzer Elbdeich Ab/c [10/11
Cranz-Neuenfelde [Ad/A 12
Cremon N 10
Cubastr. H 7/8
Curienstr. O 9
Curschmannstr. M/N 5
Curslacker Brückendamm [Zb 19
Curslacker Deich Zb/e [19/22
Curslacker Heerweg [Zd/e 18/20
Curslacker Neuer Deich [Zb/c 17/19
Curtiusweg S 8
Curvenstr. T 7/8
Cuxhavener Allee M 9
Cyrankastieg U 9

D

Dachauer Stieg F 7
Dachsberg J 1
Dachskamp T 11
Dagebüllweg Y 10/11
Dahlengrund L/M 21
Daimlerstr. J 8/9
Daimlertwiete J 8
Dalenstieg S 9
Dallbregen G 1/2
Dalmannkai N/O 10
Dalmannstr. N/O 10
Dalmerskamp T 6/7
Damerowsweg R 6
Dammshof T 2
Dammstr. G 3
Dammtordamm N 8
Dammtorstr. N 8/9
Dammtorwall N 8/9
Dammwiesenstr. V 6
Dampfschiffsweg N 18
Danckwerthsweg W 9
Dänenweg M 8
Danewerkstr. L 7/8
Daniel-Bartels-Weg T 10
Daniel-Hinsche-Str. [Zc/d 15/16
Daniel-Saß-Str. L 9
Danielstr. P 10
Dankerskamp O11
Dannenkamp E 4
Dannenkoppel T 1n/o
Dannenrüsch W 1 l
Dänschenhoop R 1n
Danziger Str. P 8/9
Darbovenstieg B 7
Daressalamstr. H 9
Dassauweg Z 1
Davidstr. L/M 9/10
De Beern X 1o
Deelwisch K 3/4
Deelwischredder X 7/8
Deepenhorn Z 1o
Deepen Stöcken L 5
Dehnhaide R/S 6
Dehnheiderstr. Z/Zc 1o/1
Deicherde B 13
Deichgrafenweg Q 15
Deichhäuser Str. N 19
Deichstr. N 10
Deichtorplatz O 10
Deichtorstr. O 10
Deliuskamp U 1n/o
Dempwolffstr. M 19/20
Denickestr. K/M 19
Denksteinweg X 7
Dennerallee R 3/4
Dennerstr. Q/R 4
Depenau O 9/10
Depenbrook Y 4/5
Dependal E 20
Depenkamp E 5
Dernauer Str. U 5/6
Desenißstr. Q 6/7
Dessauer Ufer O/P 12 [X/Y 11
Dethlefstwiete Zb 15
Detlev-Bremer-Str. M 9
Detmerstr. R 5
Deutsche Einheit N 21
Deutschordenstr. X 1/3
Diagonalstr. S 9
Dickenbären Z 1m/n
Diebeskuhle H 20
Dieckmühlenweg P 11
Diedenhofer Str. S 5/6
Diederichstr. Q 6
Dietrich-Speckmann-Str. [U 1m/n
Diekbarg V 1h/i
Diekkamp Y 1n
Diekweg D 7
Die Masch M 2
Dierk-Blome-Weg Y 3
Dierksstegel E 17
Dierksstr. N 13
Dieselgarten S 4
Dieselstr. R/S 4/5

Diestelstr. W 1g
Diesterwegstr. R 5
Dietrich-Eckardt-Str. N3/4
Dietrich-Schreyge-Str. [Zc 16
Dietrich-Wilh.-Soltau-[Str. Zc/d 17
Dillweg N 7
Dimpfelsweg R 9
Dings-Gang L 10
Distelkoppel R 1n
Ditmar-Koel-Str. M 10
Dithmarsche-Str. S 6
Dobbelers Weg S 9
Dobenplatz P 1n
Dobenstück P 1n
Dockenhudener Str. B 8
Dohlenhorst L/M 1o
Dohlenweg S 5
Döhnerstr. S 9
Döhrnstr. L 4
Dohrnstr. L 8
Dominikweg V 7
Domkapitelweg S 1m/n
Dompfaffenweg X/Y 1
Domstr. O 9
Donaustr. N 20
Donnerstr. J 9
Doormannsweg L 7
Doppelweg N 24
Dorferweg S/T 18
Dorfgang R 9
Dorfkoppel T 11
Dorfstieg O/P 17
Dorfwinkel Z 1m
Dorgangsstieg R 1n
Dormienstr. A 8
Dörnbergstr. W 5
Dörnbergweg W 5
Dornbusch N/O 9
Dorotheenstr. O/P 5/6
Dorpater Weg X 1
Dörpkamp J 4/5
Dörpsweg H 2/3

Dovenflet O 10
Dover Kamp P 1o
Dovestr. M 10
Drachenstieg R 1o
Dragonerstall N 9
Dratelnstr. O 15
Draufeld N 20
Dreeangel R 3
Drehbahn N 9
Dreieichenweg Zd 15
Dreierstr. K 10
Dreistücken O 4
Dresdener Ufer P 11/12
Drevesweg P 12
Dreyerpfad O 1l/m
Driftredder X 9
Driftstieg F 7
Dritte Meile C 16/18
Dröge Elv O 13
Drögenkamp F 7
Drögestr. R 5
Droopweg S 9
2. Droopweg S 9
Drosselstieg S 1k
Drosselstr. R 5
Droste-Hülshoff-Str. D 8
Druckerstr. W 11
Dubben H 17/18
Dulsberg-Nord S/T 5/6
Dulsberg-Süd S/T 5/6
Dunckersweg T 9
Dünenweg Zb 14/15
Düngelskamp J 4
Düppelstr. K/L 7/8
Düpweg K 1o/1
Durchdeich W/X 20/21
Durchschnitt N 8
Dürenackersweg G 2
Dürerstr. F 8
Duschweg L 8
Dusenschön Z 11
Düstere Kuhlen H/J 20
Düsternstr. N 9
Düsterntwiete D 7
Duvenacker H 2
Duvenstedter Heerstr. V [1f/g
Duvenstedter Kirchen- [weg V 1g/h
Duvenstedter Triftweg [X/Y 1e
Duvenwiesen Z 1k/l
1. Dwarstwiete Zb 16
2. Dwarstwiete Zb 16
Dwasweg X 1o
Dweer Blöcken V/W 1m/n

E

Ebeersreye V 4
2. Ebeersreye V 4
Ebelingstr. N 19/20
Ebereschenweg B 7
Eberhofstieg P 1m
Eberhofweg P 1m
Eberkamp M 2
Ebersmoorweg Z 3
Ebersteinweg K 1o
Ebräergang N 9
Eckbalken S 1n
Eckerkoppel V 4
2. Eckerkoppel U/V 4
Eckermannstr. N 13
Eckernförder Str. K 8
Eckerwoort G 8
Ecklosberg U 1n
Eckmannsweg R 4
Ecksflaag O 1n
Eckweg W 1
Eddaweg Y/Z 1o
Eddelbüttelstr. N 20
Edgar-Roß-Str. N 4
Edm.-Siemers-Allee N 8
Eduardstr. K/L 7
Eekboom S 1n
Eekbusch V 11
Eekholtesweg T 10
Eemtake O 1n
Egenbüttler Weg H 1o
Egerländer Weg S 1o
Eggersweg X 10
Egidystr. C/D 8
Egilskamp Y/Z 1o
Ehestorfer Heerweg G [18/20
Ehestorfer Weg J/L 20/21
Ehrenstieg D 9
Eibenkamp Aa 6
Eibenweg P 1
Eichelhäherkamp U 1h
Eichenallee T 1
Eichendorffstr. C 8/9
Eichenhag L 2
Eichenhöhe L 20
Eichenhorst S 1m
Eichenkamp P 1j
Eichenkoppel S/T 1 l
Eichenredder S/T 1l
Eichenstieg T 1k/l
Eichenstr. L/M 6/7
Eichenweg X 11
Eichholz M 10
Eichholzfelder Deich U 17
Eichtalstr. U 6
Eidelstedter Brook H 1
Eidelstedter Dorfstr. H 3
Eidelstedter Weg K/L 6
Eiderstr. V 5
Eierstieg H/J 19
Eiffestr. Q/S 9
Eifflerstr. L 8
Eilbecker Allee R 7/8
Eilbecker Weg R/S 7
Eilbecktal R/S 6/7
Eilenau Q/R 7/8
Eimsbütteler Ch. L 7/8
Eimsbütt. Marktpl. K 7
Eimsbütteler Str. M 9
Eimsreem Q 1m
Einemstr. V 7
Einlagedeich R 16/17
Einlageweg R 16/17
Einsiedeldeich Q 12
Einunddreißigerstr. K 8/9
Eiselenstieg R 10
Eisenlohrsweg N 5
Eisenstädter Stieg N 22
Eißendorfer Pferdeweg [K/L 18/20
Eißendorfer Senke L/M [20
Eißendorfer Str. L/M [19/20
Eitzensweg S 9
Ekenknick G 3
Ekhofstr. P 8
Elbberg J/K 10
Elbchaussee B/F 8/10
Elbgang A 9
Elbgaustr. F/H 3/5
Elbhöhe C 9
Elbinger Stieg X/Y 2
Elbschloßstr. D 9
Elbstr. M 9
Elbterrasse A 8
Elbuferweg F/G 10
Elebeken O 5
Elionorenstr. N 13/14
Eleonore-Prohaska-Weg [S 1m
Elfenwiese M 22
Elferstr. K 8
Elfsaal W 7
Elisabeth-Thomann-Weg [Zd 16
Elise-Averdieck-Str. Q [8/9
Elise-Lensing-Weg S 5
Elisenstr. Q 8
Ellenbogen M 7
Ellerbeker Weg H 1n
Ellerbrookwisch Y 1h
Ellerholzdamm M 11
Ellerholzweg M 12
Ellernbusch R 8
Ellernholt A 5
Ellernstieg F 11
Ellerntorsbrücke N 9
Ellernweg Ze 17/18
Elligersweg R 3/4
Elmenhorst J 10
Elsa-Brandström-Str. [V/W 7/8
Elsässer Str. S 5/6
Elsastr. Q 6
Elsterstieg F 3
Elsterweide P 15/16
Elversweg S/T 18
Emahusstr. K 7
Emekesweg T 1m
Emilienstr. L 6/7
Emil-Janssen-Str. Q/R 4
Emmastr. K 6
Emmermannskamp G 18
Emmichstr. G 7
Encke-Platz M 9
Engelbeekstr. N 23
Engelbrechtweg D 4
Engelstr. P 10
Engernweg M 1
Englische Planke M 9/10
Entenwärder Stieg R [11/12
Entenwärder Str. R 11/12
Entenweg D/E 4
Enzianstr. N 3
Epheuweg O 4
Eppendorf. Baum N 5/6
Eppend. Landstr. N 4/5
Eppendorfer Marktplatz [N 4
Eppendorfer Stieg O 5
Eppend. Weg L/M 6/7
Eppstr. V 7
Erckortstr. V 7
Erdkampsweg P/Q 1o/1
Erdmannstr. J 3
Eresburg L 1n/l
Ericastr. N 4/5
Erichstr. L 10
Ericus O 10
Erikaweg F 18
Erlenkamp P 7
Erlenstr. L 4
Ernastr. N 13
Ernst-Abbe-Str. J 9
Ernst-Albers-Str. T/U 7/8
Ernst-Aug.-Deich N 12/13
Ernst-August-Str. G 9
Ernst-Bergeest-Weg L [21/22
Ernst-Eger-Str. M 19
Ernst-Mantius-Str. Zc 16
Ernst-Merck-Str. O 9
Ernst-Müller-Str. L 12/13

Ernststr. P 10
Ernteweg O 16
Erzherzog-Karl-Str. O 22
Eschelsweg K 9
Eschenhofsweg Zd/e 18
Eschenholt J 5
Eschenstieg L 7
Eschenweg P 1
Esmarchstieg L 9
Esmarchstr. K/L 9
Esplanade N 8
Estedeich Ac/d 11/12
Estorffstr. V 7
Etschstr. N 20
Etzer Weg Ab 6
Etzestraße P 1o/1
Eulenkamp S/T 5/6
Eulenkrugstr. Y/Zb 1m/n
Eulenstr. J 9
Eupener Str. S 6
Eutiner Str. Z 3
Evastr. R 7/8
Ewaldsweg S 9

F

Faaßweg N 5
Faberstr. K 7
Fabriciusstr. S 3/4
Fährdamm O 7
Fahrenkamp S 8
Fahrenkrön U 2
Fahrenort E/F 4
Fährstr. P 6
Falkenbargsweg E 18/19
Falkenschlucht Ac 8
Falkenstein Ac 8
Falkenstein. Ufer Ab/d 8
Falkenstein. Weg Ac 7/8
Falkenthal. Weg Ad/A 8
Falkenweg J 18
Falklandstr. V 1m
Falklandsweg A 7
Fangdiekstr. G/H 4
Farenkoppel Za 11
Farfkamp H 8
Farmertrift X 5/6
Farmsener Höhe V 3
Farmsener Landstr. Y/Z [1m/o
Farmsener Weg U/V 1n
Farmsener Zoll W/X 3
Farnstieg Ab 6/7
Farnstr. P 1o
Farnweg J 1
Fasanenweg X 1n/o
Feekstreek D 11
Fehlandtstraße N 9
Fehlings Passage S 7
Fehmarnstr. V 5
Fehrsweg P 1o
Fehsenfeld Y 3
Feldbrunnenstr. N 7/8
Feldhoopstücken L 3/4
Feldnerstr. M 19
Feldrain P 16
Feldstegel Zd 21
Feldstr. M 8/9
Feldwebel-Hencke-Weg [X 3
Felix-Allfahrt-Str. V 1o
Felix-Dahn-Str. M 7
Femerlingstr. L 20
Fenglerstr. U 6
Ferdin.-Ancker-Str. C 8
Ferdinand-Gerling-Str. [S 6
Ferdinandshöhe B 7/8
Ferdinandstor O 9
Ferdinandstr. O 9
Fernblick M/N 22
Fernsicht O 6
Fersenfeldtsweg P 6
Fersenweg X/Zb 21/24
2. Fersenweg Zc 25
Feßlerstr. Q 6
Fettstr. L/M 7
Feuerbachstr. F 8
Feuerbergstr. Q 2
Feuersteinort Za 1o
Fichtenkamp X 1l/m
Fichtenweg K 22
Fichtestr. R 7
Fiddigshagen Zb 17
Fiefstücken O 4
Finkenau Q 7
Finkenfurth X 2/3
Finkenriek O/P 17
Finkenrieker Fußweg [O 17/18
Finkenschlag P 16
Finkenstr. L 9
Finkenwärder Land- [scheideweg D/F 12
Finkenwärder Norder- [deich E/F 11
Finkenwärder Süder- [deich D/E 13
Finkenwärder Wester- [deich D 11/12
Finksweg F 11
Fischbecker Bahnhofstr. [D 18
Fischbecker Heuweg B 18
Fischbecker Holtweg [E 18/20
Fischbecker Moor C 18
Fischbecker Weg B/C 18
Fischers-Allee J 9/10
Fischerstr. L 9
Fischertwiete O 9/10
Fiskalische Straße P 13
Fittschenweg G 17/18
Flachsland R 5/6
Flagentwiet G/H 1o
Flandernstr. L/M 6
Flasshoffstreppe A 8
Flaßbarg D/E 4
Flaßweg D 4
Flemingstr. O 5
Flensburger Str. V 5
Flerrentwiete Aa 6/7
Fleethmannskamp Y 1m
Fliederweg Q 1o
Flintspanort Z 1n/o
Floot P 3
Flotowstr. Q 6
Flottbeker Chauss. F/J 10
Flottbeker Drift F 5/7
Flottbeker Stieg E 7
Flüggestr. Q 5
Flughafenstr. O 1n
Focksweg F 11
Föhrenweg P 1
Fohrwisch J 3
Fontanestr. D 8
Fontenay O 8
Fontenay-Allee O 8
Foorthkamp O/P 11
Foortstegel Zd 21
Forbacherstr. S 6
Forsmannstr. P 5/6
Forsteck A 6/7
Försterstieg H 19
Försterweg J/K 6
Foßberger Moor P 1j
Foßredder Z 1m/n
Foßsöhlen Y 1m
Framheinstr. Q 6
Franco-Alle NO 8
Francoper Heerstraße [D/E 14/18
Frankenstr. P/Q 9/10
Franz-Boldt-Weg U 2
Franz-Eggers-Kamp Y 2/3
Franz-Hogenberg-Kamp [V/W 9
Franzosenheide G 1
Franzosenkoppel E/F 3/4
Franz-Seldte-Str. S 4
Frauenthal O 6
Freesenstr. S 7
Freihf.-Elbbrücke P/Q 11
Freihafenstr. R 11
Freiligrath-Str. Q 8
Freiweide Zd 17
Frenssenstr. Ad/A 7
Frenssenweg K 1n
Frickestr. M/N 4/5
Friedastr. U 7
Friedensweg S 7/8
Friedhofstr. L 20/21
Friedhofsweg S 1o/l
Friedlandgasse S/T 1o
Friedrich-Behn-Str. S 7/8
Friedrich-Dahlmann- [Weg F 8
Friedrich-Freudenthal- [Str. L/M 22/23
Friedrich-Gätjens-Str. B 8
Friedrich-Kirsten-Str. T 1n
Friedr.-Legahn-Str. A 8
Friedrich-Liszt-Str. N/O [20/21
Friedrich-Naumann-Str. [L/M 18/19
Friedrichsbader Str. L 9
Friedrichsberg. Str. R 6/7
Friedrichshulder Weg [F/G 3
Friedrich-Siemer-Str. P 6
Friedrichstr. L 9/10
Friesenstr. Q 10
Friesenweg L 1m/n
Fritz-Haber-Str. J 9
Fritz-Neubers-Weg R 5
Fritz-Reuter-Str. T 1/2
Fritz-Schumacher-Allee [Q 1k/l
Fritz-Stark-Weg Z 1/2
Frobeniusweg V 11
Fröbelstr. N 8
Frontkämpferweg B 6
Fruchtallee L 7
Fruchtweg A 6
Frühlingsgarten P 2/3
Frühlingstr. K 6/7
Frustbergstr. M 3
Fruteweg Aa/b 7
Fuchsienweg G 2
Fuchsloch R 8
Fuhlentwiete N 9
Fuhlsbütteler Damm P 1
Fuhlsbütteler Weg L/M 1
Fuhlsbütteler Str. Q/R 1/5
Fuhrenkamp K 21
Fünfstück X 2
Funhof R 3
Funkstr. K 9
Fürbarg W 1 l
Fürstenplatz N 9
Fürst-Ernst-Str. K/L 9
Furtweg G/H 3
Füürsteed L 22

G

Gabelsbergerstr. L 7
Gablenzstr. D 7
Gademannstr. L 10
Gaedechensweg N/O 5
Gagelkamp S/T 1k
Gählersplatz L 9
Gählerstr. L 9
Galalithstr. M 18
Gammerweg Zg 22/23
Gandersheimer Weg [K 10
Gannerbarg D 18
Gänsemarkt N 9
Gänsestieg E 4
Gardinger Weg E 4
Garmersstieg T 8
Garnstück F 11/12
Gartenterrasse S 7
Gärtnerstr. L/M 6
Gärtnerweg M 21
Gassenkoppel Z 2
Gassenwisch Z 2
Gasstr. H/J 8
Gastkamp Z 1/2
Gasweg T 6
Gaswerkstr. O 10
Gaußstr. J 8/9
Gazellenkamp J/L 4
Gazertstr. M 19
Gebweiler Str. S 6
Geesttwiete V 11
Geffckenstr. N/O 5
Gefionstr. L 8
Gehlenkamp Aa 7
Gehölzweg T 7
Gehrdenweg W 7
Gehrkensweg N 13
Geibelstr. P 5/6
Geidelberg Z 3
Geierstr. R/S 5
Geißlerstwiete Q 5
Gellertstr. O 6
General-Jäger-Str. N/O [21/22
General-Litzmann-Str. [K/L 8
General-Knochenhauer-[Str. O 6
Generalstabsweg M 6
Genslerstr. R 4/5
Georg-Braun-Stieg V/W [9
Georginenweg G 3
Georgsplatz O 9
Georgswärder Damm [Q 12
Georg-Thielen-Gasse [Q 5
Georg-Waitz-Str. F 8
Georg-Wilhelm-Str. [N/O 13/14
Geradestr. N 20
Gerberstr. K 9
Gerckenstwiete O 10
Gerh.-Rohlfs-Weg J 4/5
Gerhard-Schott-Str. N 9
Gerhardstr. L 10
Gerhofstr. N 9
Gerichtsstr. K 8/9
Germanenweg N 1n
Gernotstr. Ab 5
Geroweg L 1o
Gerritstr. L 9
Gersterbergstr. D 8
Gerstenkamp R 6
Gertrudenkirchhof O 9
Gertrudenstr. O 9
Giesestr. G 8
Giffeysweg U 1
Ginsterstieg Ab 7
Glacischaussee M 9
Gladiolenweg G 2/3
Gladowstr. T 6
Glaeßweg Zc 16
Glashüttenstr. M 8
Glashütter Heerweg R [1j/n
Gleisweg D 18
Glindersweg Zd/e 16
Glindkamp Z/Za 1
Glißmannsweg H/J 1o
Glockengießerwall O 9
Gloxinienweg G 3
Gluckstr. R 7
Glücksburger Str. K/L 7
Glückstädter Weg D/E 5
Gnadenbergweg Q/R 1o
Gneisenaustr. M 6
Gockelstieg D 4
Godefroystr. B 8
Godenwind X 12
Goebenstr. J 9
Göckerstr. S 7
Goernestr. N/O 5
Görttwiete N 10
Goeschenstr. M 20
Goetheallee K 9
Goethestr. K 9
Göttrikstr. Z 1
Gojenbergsweg Zd/e 17
Goldammerweg K 20/21
Goldbeckplatz P 5/6
Goldbeckufer P 5
Goldbeckweg P 5
Goldinger Stieg X 1
Goldknäbel K 19
Goldlackweg T 5
Goldmariekenpadd H/J [1m
Goldregenweg F 2
Goldrutenweg K 20
Golfstr. F 9
Goosacker. D 7
Gorch-Fock-Str. M 7
Gorch-Fock-Wall N 8/9
Gorrieswerder Damm [M 12/14
Goßlerspark A 7/8
Goßlerstr. A 7/8
Gotenweg M/N 1n
Gothaer Weg V 10
Gothenstr. P/Q 9
Gotländische Reihe Y/Z [1o/1
Gottfr.-Keller-Str. F 8
Gottfried-Litzow-Str. [S/T 6/7
Gotthelfstr. L 19/20
Gottorpstr. G 8
Gottschalkweg K 1o
Gottschedstr. P 5
Gottscheerweg M 20
Govertsweg L 9
Grabbestr. K 9
Grabendamm Zb 16
Grabenstr. M 8
Grabenstücken F 7
Grädenerstr. K 7
Gräpelweg Zc/d 16
Graf-Anton-Weg K/L 1
Graf-Blücher-Str. K/L 9
Graf-Bose-Str. K 8/9
Graf-Dohna-Str. C 8
Graf-Gert-Str. K/L 4/5
Graf-Johann-Weg H/J 1
Graf-Justus-Weg K 1
Graf-Klaus-Str. L 1/2
Graf-Otto-Weg H 1n
Graf-Spee-Str. C 8
Grandweg L/M 4/5
Grashofstieg Zd 20
Grashofweg Zd 20
Graskeller N 9
Grasredder Zc/d 16
Grasweg O/P 4/5
Graudenzer Weg S/T 5
Graumannsweg P 8
Gravensteiner Str. L 7
Gravensteiner Weg S 5
Grawelenbarg H 7
Grawertstr. X/Y 3
Grazer Stieg N 21
Greenkoppel T 11
Greflingerstr. O 5
Gregor-Mendel-Stieg [P 2/3
Greifswalder Str. P 9
Grelckstr. L 4
Grellkamp O 1m
Grenzknick S/T 8
Grevenau T 1m
Grevendamm M 10/11
Grevenhofufer L/M 11
Grevenweg Q/R 9/10
Griesbeerntwiet V 1
Griesenwärder Damm [H/J 11/12
Griesenwärd. Höft H 11
Griesstr. R/S 8
Grillparzerstr. P 6
Grimm N/O 10
Grimmelshausenweg L 8
Grimmstr. B 6
Grindelallee N 7/8
Grindelberg M 6/7
Grindelhof N 7
Grindelstieg N 7
Grindeltal N 8
Grindelweg N 8
Groden Bleeken U 1m
Grögers Weg Q/R 4
Gröningerstr. O 10
Grönländer Damm Z 1
Grolmanstr. X 4/5
Groot Farfkamp H 8
Groothoffgasse Q 5
Grootmoor U/V 1o
Grootmoorredder X/Y 8
Grootsruhe R 9
Grootweid L 13
Gr.-Borsteler Str. L/M 3
Großdeutsche Str. N [21/22
Große Allee P 9
Gr. Bäckerstr. N 9
Große Bahnstr. K 7
Gr. Bleichen N 9
Große Dradenau G/H [12/13
Große Freiheit L 9
Große Horst R/S 1
Gr. Johannisstr. N 9
Gr. Marienstr. L 9
Gr. Prinzenstr. L 9/10
Gr. Rainstr. J/K 9
Gr. Burstah N 9
Gr. Reichenstr. O 9
Großer Kamp U/X 1m
Großer Küsterkamp T 7
Großer Ring J 1n
Großer Schippsee N 19
Großer Stackort P 16
Großer Trampgang N 9
Gr.-Flottbeker-Str. F 7/8
Großheidestr. P/Q 5
Großmannplatz R 10
Großmannsreihe R 10

Großmannstieg R 11
Großmannstr. R/T 10/11
Großmannsweg R 10/11
Großmoordamm O/Q [20/21
Großneumarkt N 9
Grossand N 14/15
Grotelerweg K 20
Grotenkamp G 7
Grote Stegel Zd 21
Grotestr. N/O 14
Grothwisch H/J 1m
Grotjahnstr. K 9
Grotjangasse Q 5
Grotkoppelweg M 1n
Grot Sahl Ab 5
Grottenstr. F 8/9
Grovestr. P 6
Grube A 9
Grubenstieg D/E 6
Grubesweg N 19/20
Grumbrechtstr. L/M 18
Grund L 9
Grundstr. K 6
Grüner Deich Q 10
Grüner Redder Zd 16
Grüner Weg T 10
Grüne Str. L 9/10
Grünewaldstr. G 8
Grupenstr. N 19
Grusonstr. T 12
Grützmachergang P 9
Grützmühle R 1m/n
Gryphiusstr. O 5
Guatemalastr. H 8
Guderuper Str. T/U 6
Gudrunstr. Ab 5/6
Gummistr. M 17/18
Güntherstr. Q 8
Gurlittstr. O/P 8
Gussau Z 11
2. Gussau Za 11
Gustav-Adolf-Platz L 9
Gustav-Adolf-Str. T/V 7
Gustav-Falke-Str. M 7
Gustav-Freytag-Str. P 7
Gustav-Kunst-Str. S 10/11
Gustav-Nachtigall- [Damm U/V 6
Gustav-Stille-Weg Zc15
Gustavstr. P 10
Gustavsweg U 1m
Güstrower Weg Y 3
Gutenbergstr. J 5
Gutsmuthsweg R 10
Gutzkowstr. G 8

H

Haakestr. L/M 19
Haberkamp U 11
Habichthorst L 1o
Habichtplatz R 4
Habichtstr. R/S 4/5
Habichtsweg R 4
Hachmannplatz O 9
Hadermannsweg K 1
Haderslebener Str. S 5
Hadubrandsheide L 3
Hafentor M 10
Haferkamp R 6
Haferstück P 1n
Haferweg K 7
Hagebuttenweg E 5
Hagedornstr. N 6
Hagenau Q 7/8
Hagenbeckallee K 4
Hagenberg M 19
Hagendeel K/L 3
Häherweg S 1m
Hahnemannstr. N 5
Hahnenkamp J/K 9
Hahntrapp N 10
Haideweg Q 7
Haidlandsweg T/U 1o
Hainbuchenweg O 4
Hainesch W 1j/k
Hainholzredder L/M 1
Hainholzweg J/L 20
Hakenstr. M 13
Halbmondsweg G 9/10
Haldesdorfer Str. S/T 4
Halenbekwisch Z 4
Halenreie Z 1l/m
Hallesches Ufer P 12
Halstenbeker Stieg G 2
Halstenbeker Str. G/H 1
Halstenbeker Weg F/G 2
Hamburger Berg L 9
Hamburger Hochstr. L 10
Hamburger Str. Q/R 6/7
Hamelausweg P 5 [9/10
Hammer Baum R 9
Hammer Berg S 9
Hammerbrooker Park [Q/R 9/10
Hammerbrookstr. P/Q
Hammer Deich R 10
Hammer Hof S 9
Hammer Kirchenstieg S 9
Hammer Landstr. R/S 9
Hammer Park S 8/9
Hammer Steind. S 7/8
Hammer Str. S 7/8
Hammer Weg R 9
Hämpten Zb 13
Handweg L 22
Hanfftsweg S 8
Hanfstieg D 4
Hangstr. L 18
Hans-Adolf-Weg H/J 1m
Hansaplatz P 9
Hansastr. M/N 7
Hans-Balzer-Str. Zd 16
Hans-Cyranka-Str. U 9
Hansdorfer Str. R 6
Hanseatenstieg R 11
Hanseatenweg P 16
Hans-Frese-Weg Zc 16
Hans-Grades-Weg O 1
Hans-Hübner-Str. M 6
Hansingstr. L 19
Hans-Lange-Str. A 8
Hans-Lody-Str. Zd 16
Hans-Lody-Weg Zd 16
Hans-Lüdemann-Stieg E9
Hans-Much-Weg N 5
Hans-Sachs-Str. K 8/9
Hans-Sammann-Weg Y3
Hans-Schemm-Platz Q 5
Hanssensweg P 5
Hans-Thoma-Weg G 7/8
Hans-von-Volkmann- [Weg F 7
Haraldskamp Y 1o
Harburger Chaussee [O/P 12/13
Harburger Reichsstr. [N/O 18/20
Harburger Schloßstr. N [19
Harburger Str. O 10
Hardenbergstr. A 8
Hardendamm Q 11
Harderskamp Zc 16
Hardorffsweg R 5
Harksheider Str. S/T 1j/l
Harm-Bohlen-Str. Z 3
Harm-Pieper-Weg B 6
Harmsstr. M/N 20
Harmsweg S 4
Harnacksweg Q 1k
Harpunenkamp Za 1o
Harpunierstr. L 8
Harry-Hahn-Str. U 9/10
Hartboomstieg V 1
Hartigenhoff N 13/14
Hartkrögen Aa 6
Hartmannsau Q 11
Hartnitweg K 4
Hartsprung L 3
Hartungstr. N 7
Hartwicusstr. P/Q 8
Hartwig-Heest-Weg Y [3/4
Hartzloh Q/R 4
Hartzlohplatz R 3/4
Harvestehud. Weg N/O [6/7
Harzensweg R 5
Haselbusch E 5
Haseldorfer Weg G 3
Haselhain K/L 18/19
Haselkamp Y 1n
Haselknick W 1g
Hasenbanckweg W 9
Hasenböge V/W 1/2
Haseneck X 12
Hasenheide M 1
Hasenhöhe B 6/8
Hasenstieg W 7
Hasenweg V/W 1n
Hasenwinkel Aa 6
Hasselbrookstr. Q/S 8
Hasselmannstr. D 9
Hasselwerder Str. A/B 13
Hasselwisch X 1g
Hassestr. Zc 16/17
Haßloredder Y 8
Hastedtstr. M/N 20
Hattsmoor Q 1k

Hatzberg J 4
Haubargkamp G 10
Hauersweg Q 5
Hauffstr. P 6
Haulanderweg N/O [16/17
Hauptmann-Berthold- [Platz L 19
Hauptmann-Staak-Weg [M 1
Hausbrucher Weg G [17/18
Hauskoppel W/V 10
Havanaweg H 8
Havermannstieg T 2
Havighorster Redder [X/Y 12
Haydnstr. H 7/8
Hebbelstr. P 6
Heckengang O 21
Heckenpfad T 10
Heckenstieg M 22
Heckkathenweg Za/b [15/16
Heckkoppel W 1m
Heerenstr. P 10
Heerhof Ad 6
Heerwisch O 11
Heeskoppel W 7
Hegereiterweg K 2
Hegestieg N 5
Hegestr. N 5/6
Hegholt T 3/4
Heidacker G 1/2
Heidberg O/P 5

Heidebruch J 18
Heidenkampsweg [Q 9/10
Heidestr. M 6
Heideweg W 1j
Heidewinkel Y 1o
Heidewisch Ab 7
Heidhörn R 4
Heidhofsweg Ad 6
Heidhorst Z 13
Heidkampsredder Zb [14/15
Heidloge Y 1n
Heidlohstr. H/J 1
Heidritterstr. L 10
Heilholtkamp P 3
Heilig.-Geist-Brücke N 9
Heilwigstr. O 5/6
Heimat K 4
Heimburgstr. D 8
Heimfelder Str. K/M 19
Heimgarten S 1k
Heimhuder Str. N 7/8
Heimkehr Q/R 1o
Heimstättenstr. G 3
Heimweg N/O 7
Hein-Hinsch-Gang Y 3
Hein-Hoyer-Str. L 9
Heinickestr. N 4/5
Hein-Kröger-Weg B 6
Heino-Marx-Weg L/M 21
Heinrich-Barth-Str. N 7
Heinr.-Dreckmann-Str. [L/M 8
Heinrich-Ferck-Str. L 5
Heinr.-Heissing.-Str. U 9
Heinrich-Kneese-Str. T 7
Heinrich-Osterrath-Str. [X/Z 19/21
Heinrichstr. L 7/8
Heinrich-Stück-Gang W 9
Heinr.-Traun-Platz Q 1o
Heinrich-Traun-Str. Q 1o
Heinrich-v.-Ohlendorff-[Str. Y 1j/k
Heinrich-von-Plauen-Str. [Y 2
Heinrich-Zeise-Str. K 8
Heinskamp R 7
Heinsonweg Z 1m
Heinz-Brands-Str. U 10
Heisterkroog S 1k
Heitmannstr. Q 6/7
Helbingstr. U 5
Helenenstr. K 8
Helene-Winkler-Pl. S 4
Helene-Winkler-Str. S 4
Helferichweg M 22
Helgol. Allee M 9/10
Hellasweg C 2
Hellbrookstieg R 5
Hellbrookstr. R 5
Hellgrundweg G 5
Hellkamp K/L 6
Hellkuhle J 20
Hellweg F 7
Helmholtzstr. J 8/9
Helmsstr. M 19
Hemmelswisch R/S 1n
Hemmingstedter Weg [D/E 8
Hempbarg Ad 6
Hempenkamp Za 1m
Hemphöfen O 22
Hennebergstr. U 1m
Hennenstieg D 4
Henningsweg T 9
Henning-Wulf-Weg L 5/6
Henriettenstr. L 7
Henry-Kobert-Str. U 9
Herbert-Norkus-Str. W [10/11
Herbertstr. L 10
Herbststieg F 4
Herbstsweg R 4
Herdenpfad Z/Za 1
Herderstr. P 6
Herkenkrug Za 1m/n
Herkloßgang L 10
Herlingsburg L 5
Hermann-Allmers-Str. N [13
Hermann-Balk-Str. X 1/2
Hermann-Behn-Weg N 7
Hermann-Göring-Platz [M 19
Herm.-Kauffm.-Str. Q/R 4
Hermann-Künne-Weg [E 8/9
Hermann-Löns-Höhe [Zd/e 17
Hermann-Löns-Weg P 1o
Hermann-Maul-Str. N 19
Hermann-Prentzel-Str. [X/Y 1g
Herm.-Renner-Stieg D 9
Herm.-Renner-Str. D 9
Hermann-Schmidt-Weg [L 1
Hermann-Schnell-Str. L 8
Hermannstädter Weg [M 20
Hermannstal U/V 9
Hermannstr. O 9
Hermann-v.-Salza-Weg [Y 2
Herrengraben N 9/10
Herrenhausallee X 1e
Herrenweide L 9
Herrlichkeit N 10
Hertelstieg V 11
Herthastr. T 2
Hertighausenweg Y 4
Hertogestr. T 9
Herwigsredder Ab 6/7
Herzmoor Q 11
Herzmoortwiete Q 1k
Herzmoorwende Q 1k
Herzog-Alf-Weg G 1o
Herzog-Bruno-Weg L 1
Herz.-Friedr.-Str. K/L 8
Herzog-Heinrich-Str. [K/L 19
Herzog-Otto-Str. N 18/19
Herzogstätte K 19
Heschredder P 1o/l
Hessenstr. Q 10
Hesten E 8
Heuberg N 9
Heuberredder O/P 3
Heublink S/T 1m/n
Heulandhagen Za/b 17
Heunermoor D/E 17
Heussweg L 6/7
Hexentwiete Ab/c 5
Hiddingasweg R 4
Hikeberg T 7/8
Hildeboldsweg T/U 3
Hildebrandskamp L 3
Hildesheimer Weg K 1o
Hilshain O 22
Himbeerweg A 6
Himmelsleiter H 10
Himmelstr. O 4
Hindenburgstr. O/P 2/5
Hindhegen Y 1f
Hinrich-Dultz-Str. J 9
Hinr.-Lohse-Str. K/L 9/10
Hinsbeker Berg T 1l/m
Hinsbleek T 1m
Hinschallee Y 3
Hinschenfelder Str. T 6
Hinschenfelder Stücken [U 6
Hinschenweg K 7
Hinschstr. H 4
Hinter der Bahn J 5/6
Hinter d. Dorfkirche P 16
H. d. Lembkentw. O 10
Hinter der Lieth K/L 3
H. d. Markthalle O 9
Hinterhegenredder Y 8
Hinterm Graben Zc 16
Hinterm Horn YZ 18
Hinterm Stern S 7
Hintzpeterstieg R 10
Hirschgraben R 7/8
Hirschparkweg C 9
Hirschsprung J/K 1
Hirschstr. T 6/7
Hirsekamp U 1
Hirtenkamp Y 1n
Hirtenstr. R 9
Hirtenweg G 9
Hitscherberger Quer-[weg Zb 22/23
Hittfelder Heerstr. N 24
Hittfelder Stieg F 8
Hobökentwiete Ab/ 5
Hochallee N 6/7
Hochestieg T 1o
Hochfeld F 7
Hochkamper Str. C/D 8
Hochrad E/F 9
Höfen W 1m
Hoffmann-v.-Fallers-[leben-Str. Zd 17
Hoffmeyerstr. M 19
Hoffstr. J 18
Hofloh L 6
Hofschläger-Deich S 16
Hofschlägerweg S/T [15/16
Hofweg P 6/7
Hofweide Zb 15
Hogenbrook C 18
Hogenfelder Str. H 1o
Hogenfeldweg H 5/7
Högenstr. K 5/6
Hohe Bleichen N 9
Hohe Brücke N 10
Hohe Liedt P/Q 1k
Hoheluftchaussee M 5/6
Hohenberne X 1o
Hoheneichen S 1n/o
Hohenesch J 9
Hohenfelder Allee Q 8
Hohenfelder Str. Q 8
Hohenkamp X/Y 3
Hohensasel U/V 1k
Hohensteiner Str. S 5/6
Höhenstieg P 2
Hohenzollernrg. H/J 7/10
Hoherade K 7
Hoher Berg X 3
Hohe Reihe W 1l/m
Hoher Weg A 8
Hohe Schaarstr. N 17
Hohe Schaar M 16
Hohe Schulstr. K 9/10
Hohestr. P 9
Hohe Twiete P 9
Hohe Weide M 6/7
Hohle Rönne S 9
Hohler Weg M 10
Hohnerkamp U 1/2
Höhnerkamp Ab 6
Höhnkoppel T 2
Hoisberg Z 1m
Hoisbütteler Stieg X 1j

Hoisbütteler Str. Y 1g
Holbeinstr. G 8
Hölderlinsallee P/Q 5
Hölderlinstr. E 8
Holkettstr. J 9
Holländ. Brook O 10
Holländ. Reihe O 10
Hollenbeck S 1n
Hollestr. V 10
Hollingstedter Stieg Y1o
Hollwörn K 2
Holmgard Y 1
Holsteiner Allee J 3/4
Holstein. Kamp Q/R 6/7
Holstenglacis M 8
Holstenhofweg V 6/8
Holstenkamp J 7
Holstenplatz L 8
Holstenstr. K/L 8/9
Holstentwiete J 9
Holstenwall M 9
Holstenweg M/N 1n/o)
Holsts Garten N 19
Holtbarg B/C 5
Holtenaustr. K 8
Holtenklinkerstr. Zc/e 17
Höltentwiete O 1n
Höltystr. P 6/7
Holthof Ab 6
Holthusenkai O/P 11
Holthusenstr. Z 1 m/n
Holtkamp B/C 7
Holtkoppel O 1n
Holtweg U 1n
Holunderweg M 3
Holzbrücke N 10
Holzdamm O 9
Holzhäuser O/P 22
Holzhude Zc 16
Holzpfad W 1o
Holztwiete F 9/10
Holzweberstr. N 21/22
Honartsdeich O/P 13
Honartsdeicher Weg
[O 13
Hoopwiesen V 1e
Hopfenhof V 4
Hopfenmarkt N 10
Hopfensack O 9/10
Hopfenstr. L/M 10
Hoppenstedtstr. L/M 20
Höpen P 1m
Höperfeld Zb/c 15
Hörgensweg G/H 1/2
Hörmannstr. L 9/10
Hörnumstr. V 5
Horandsstieg Aa 7
Horneckswisch G/H 3
Horn. Brückenweg T 10
Horner Landstr. T/U 9/10
Horner Park T 10
Horner Rampe T 10
Horner Stieg T 9
Horner Weg S/U 9
Hornkamp P 1
Hörstener Str. O/P 20/22
Horster Damm Zf/i 18/21
Horstlooge Y 11
Horst-Scharnagl-Stieg
[M 19/20
Horstweg U 1m/n
Horst-Wessel-Platz M 20
Horst-Wessel-Str. R 8/9
Hortensienweg T 5
Hospitalstr. K 9
Hövelbraak P 14
Hövelweg P 14
Hovestieg P 12
Hovestraße P/R 12/13
Howisch S 9
Höxterstr.' M 4
Hoyerstr. K 7
Hübbesweg S 9
Hübenerkai N/O 10
Hübenerstr. N/O 10/11
Hubertusweg K 1
Hude Zc 16
Hudlenstr. V 2
Hudtwalckerstr. N/O 4/5
Hudtwalckertwiete O 4
Hufnageleck W 9/10
Hufnerstr. R 5/6
Hufnertwiete R 5
Hufnerweg W 1m
Hugenbergstr. U 5
Hühnerposten O/P 9
Hüllbeen O 22
Hüllenkamp Y 4/5
Hullstr. N 10
Hülsdoom S 4
Hülsenbargen L 22
Hülsenstieg L 22/23
Hultschiner Str. S 6
Humboldstr. P/Q 6/7
Humboldtsweg Q 7
Hummelsbütteler Heer-
[weg Q/R 1n
Hummelsbüttel. Kirchen-
[weg P/Q 1n/o
Hummelsbütteler Land-
[straße P/Q 1o/1
Hummelstieg Aa 4
Hummelweg X 12
Hünefeldstr. W 5
Husarenweg V 7
Husumer Str. M/N 5
Huswedelkamp U 1n
Hütten M 9
Hutmacherstr. L 9
Huusbargallee Z/Za 1m/n
Hüxter O 10

I

Ida-Boy-Ed-Str. Zd 17
Idastr. P/Q 10
Idenkamp V 1f
Ifflandstr. P 8
Igelweg E 7
Iglauer Str. M 19/20
Ihland V/W 1k
Ihlandkoppel Q/R 2
Ilenbrook N 13
Ilenbuller N 13
Ilenkruut S 4
Ilkstraat S 11
Ilsenweg V 11
Iltisstieg W 2
Im Allhorn Za 1m
Im alten Dorfe Z 1m
Im Bauernfelde P 13
Im Berge Za 11
Im Busch X/Y 1f/g
Im Eißendorfer Grunde
[J/L 20
Im Gehölz L 6
Im Ginsterbusch G 1
Im grünen Grunde Q 1/2
Im Häben P/Q 11
Im Hag F 7
Im Hain Z 1m
Im Harnisch U 2
Im Holderstrauch H/J 1m
Im Jaarsmoor F/G 3
Im Keil G 3/4
Im Knick S 1k
Immanuelplatz P 12
Immanuelstieg P 12
Im Meienthun Za 1n
Immelmannsweg P 1o
Immenhof P/Q 7
Immenhorstweg W/X 1k/l
Immenkamp W 2
Immenredder Q 1n
Immergröön M 22
Immermannstr. K 9
Im Pollhorn N 16
Im Regestall Y/Z 1k
Im Remen T/U 2/3
Im Ried U 9/10
Im Ring P 1n/o
Im Rühmt X/Y 1
Im Schönenfelde P 15
Im Schütt N 19
Im Sorenfelde Z 11
Imstedt P/Q 6
Im Stubben K 22
Im Tale N 4
Im Ulenbusch Z 1k
Im Vogelsang P 1o
Im Wandsetal S/T 6
Im Wiesengrund W 3
Im Winkel N 4
In de Bargen Ac 7
In de Bost C 9
In de grote Heid Za 5
In de Krümm E 18
In den Hörsten V 2
In den Saal X 1o
In der Gartenstadt T 4
In der Höörn Zb 18
In der Niederung U 4
In der Ohe Zc 24
In der Schlucht L/M 20
In der Schneise S 1j/k
In der Wiek D 6
In de Soren V 1g/h
In de Tarpen N/O 1k
Infanteriestr. X 3
Ingwersensweg A 9
Innocentiastr. N 6
Innsbrucker Ring N 21
Innstr. M/N 20
Inselstr. N/O 3
In't Schedeholt D 18
Ipernweg P 1
Irisplatz G 2/3
Irrweg M 22
Isekai N 5
Iseplatz N 5
Iserbarg Ab 6/7
Iserbrooker Str. B 7
Iserbrook. Weg A/B 5/6
Isern-Hinnerk-Straat
[J 1m
Isestr. M/N 6
Isfeldkamp C 7
Isfeldstr. C 7
Itzehoer Weg M 5
Iven-Kruse-Str. Za/b
[15/16
Ivensweg R 4
Iverstr. U 5/6

J

Jachtweg F 11
Jacobikirchhof O 9
Jäger-Arendt-Weg H 1m
Jägerdamm J/K 1o
Jägerdörchloop M 3/4
Jägerflag P 1j
Jägerkoppel W 1n
Jägerstieg U 1n/o
Jägerstr. L 9
Jagersredder X 1g
Jaguarstieg K 6

Jahnring O/Q 4
Jahnstr. K 8
Jakob-Mores-Weg R 3
Jakobstr. M 10
Jan-Valkenburg-Str. [M/N 9
Jarrestr. P/Q 5/6
Jasminweg F 2
Jasper-Pentz-Weg Z 4
Jastramreihe S/T 9
Jean-Pauls-Weg P 5
Jenerseitedeich Q/R [15/16
Jenfelder Str. V/X 6/7
Jenfelder Tannenweg [W 6
Jenfelder Weg Y/Z 5/6
Jenischstr. D 7/8
Jensenknick P 1o
Jeppweg F 8
Jevenstedter Str. F 4/5
Joachim-Mähl-Str. K/L 1
Joachimstr. C 7
Joachimsthaler Weg T 1o
Joachim-von-Lohe-Str. [L 9
Jobst-Hermann-Str. K 9
Jochen-Fink-Weg B 6
Jochim-Wells-Weg R 1n
Johanna-Stegen-Weg [S/T 1m
Johannes-Naumann- [Weg N 5
Johannes-Rabe-Stieg [Zb/c 15
Johannes-Schmahl-Str. [S 6
Johann-Hübner-Stieg T [1o
Johannis-Bollwerk M 10
Johanniswall O 9
Johannkamp L 1
Johann-Kröger-Str. V/W [11
Johann-Meyer-Str. Zc16
Johann-Philipp-Palm- [Str. Ze 17
Johann-Rickmers-Str. U 2
Johann-Röper-Str. T 6
Johann-Smyt-Str. Zb 16
Johann-Wendt-Str. J 5
Johnsallee N/O 7/8
Johnsweg M 22
Jollassestieg P 5
Jordanstr. R 8
Jörn-Ul-Weg Ad 7
Josef-Klant-Str. S 7
Josephstr. T 7

Jugendstraße J/K 5
Julienstr. G 7
Julius-Campe-Berg V 10
Julius-Ertel-Str. N 13
Julius-Röbke-Str. V 1m/n
Julius-Sparbier-Platz M7
Juliusstr. L 8
Jungborn J 1o
Jungfernheid E/F 21
Jungfernstieg N/O 9
Jungfrauenthal N 6
Jungiusstr. M/N 8
Jungmannstr. F/G 8/9
Jungnickelstr. O/P 15
Jungstr. U 6/7
Juratenweg Q 7
Jürgen-Mittel-Str. U 6
Jürgensallee D/E 9
Jürgensstr. L 20
Jürsweg T 10
Jüthornstr. S/U 7/8
Jütländer Allee J 4
Justus-Brinckmann-Str. [Zd/e 16/17
Justus-Strandes-Weg Q1

K

Kaakstwiete N 10
Kaemmerer-Ufer Q 5
Kaempsweg P 5
Käferstieg E 5
Kahden W 1m
Kahlkamp A 8
Kähmken P 1m
Kai-Dose-Str. L 9/10
Kaiser-Friedr.-Ufer L/M [6/7
Kaiserhöft N 10
Kaiser-Otto-Str. L/M 1m/1
Kaiserkai N/O 10
Kais.-Wilh.-Höft L 11
Kaiser-Wilhelm-Platz [Zc 16
Kaiser-Wilh.-Str. N 9
Kaistr. K 10
Kajen N 10
Kalckreuthweg F/G 8
Kalkbrennerei J 10
Kalkhof N 9
Kallmeyerstieg L 20
Kallmorgenweg G 7/8
Kaltehofe S 12
Kalte-Hofe-Deich R/S [12/14
Kaltenkirchen. Platz K 8
Kaltenkirchner Str. K 8
Kalvslohreystr. G 1
Kalvslohtwiete G 1
Kamerbalken J 4/5
Kameruneck X/Y 5
Kamerunkai N 11
Kamerunweg N 11/12
Kamillenweg E 6
Kammermannstw. N 10
Kampchaussee Za/b 16
Kampdeich Zb/c 16/18
Kampfstätte M 1
Kampmoortwiet X 10
Kampstr. Zc 16
Kanalstack F 11
Kannengießerort O 10
Kantstr. R 7
Kanzleistr. D/E 9
Kapitän-Dreyer-Weg [A/B 7
Kapitän-Hilgendorf- [Weg B 7
Kapitän-Kirchheiß-Platz [N 19
Kapitelbuschweg H 3
Karawankenstr. M/N 20
Karkendamm Zd 21
Karkenstegel Zd 21
Karkwurt H 3
Karl-Bulcke-Str. A 8 [L/M 6/7
Karl-Grau-Str. Ze 17
Karl-Gustav-Weg M 1
Karl-Hagenbeck-Str. K [4/6
Karl-Heinzelmann-Str. [U 10
Karl-Jacob-Str. D 9
Karl-Johannsen-Damm [W 11
Karl-Kuhn-Str. U 3
Karl-Laforce-Str. U 3
Karl-Lorenzens-Str. W/X [11
Karl-Martens-Str. L 3/4
Karl-May-Str. M 19
Karl-Muck-Platz N 9
Karl-Mühlenhoff-Weg F8
Karl-Peters-Weg V 5/6
Karl-Radke-Weg K 2
Karlsbader Weg S 1o
Karlsbrunner Stieg T 1o
Karlshöher Weg W/X1o
Karl-Straß-Weg F 8
Karl-Theodor-Str. J 9/10
Karnapp N 19
Karpathenstr. M/N 19/20
Karpfangerstr. M 10
Karsten-Brandt-Weg A 8
Karsten-Niebuhr-Weg [J 5/6
Karsten-Rehder-Str. K/L [10
Karstenstr. A 8
Kärtnerstr. N 21
Kaspar-Siemers-Stieg [W 10/11
Kaspar-Siemers-Weg [W 11
Kasper-Ohm-Weg U 1n
Kaßbeerntwiet V 1
Kastanienallee L/M 9
Kasernenweg M 7
Katendeich Zb 17
Katenweide P 12
Kathenkoppel W 1
Käthnerkamp Q/R 6
Käthnerort Q/R 5/6
Käthnermoor U 1
Käthnerweg W 1n/o
Kattensteert V 9/10
Kattjahren Z 1m
Kattowitzer Weg T 5
Kattrepel O 9
Kattrepelsbrücke O 9
Kaufhausstr. N 19
Kaulbachstr. F 8

Kedenburgstr. U 6
Kegelhofstr. M/N 4
Kegelstieg Q 1
Kehrum W 1m
Kehrwieder N 10
Kehrwiederplatz N 10
Kehrwiederspitze N 10
Kehrwiedersteg N 10
Keindorffstr. O/P 15
Kellerbleek M 3
Kellinghusenstr. N 5
Kemmelberg X/Y 4
Kempelbarg F 5
Kentzlersdamm R 9
Kernbeek T 9
Kerner Reihe R 4
Keßlersweg T 6
Keustück O 1n
Kibbelsteg N 10
Kibbelstr. L 9
Kibbeltwiete L 9
Kiebitzstr. Q/R 8
Kiebitzstieg S 1k
Kiefernweg P 1
Kiefhöörn T 5
Kiehnshecken Zd 16
Kiekenkaten T 8
Kiek in't Moor X 12
Kieler Str. K 4/8
Kielkamp G 7
Kielkoppel Z/Za 5
Kielmannseggstr. U 7/8
Kielort-Allee M 7
Kielstück P 1n
Kienenhagen Za/b 17
Kienholt V 1

Kiesbarg C 18
Kiesslingstieg R 4
Kiesweg Z 1m
Kindtsweg R 3
Kinkelsweg S 7
Kippingstr. M 7
Kirchdorfer Str. P 16
Kirchdorfweg H 14/15
Kirchenallee O/P 9
Kirchenheerweg Za/b [24/26
Kirchenpauerkai O/P 11
Kirchenpauerstr. O/P 11
Kirchenredder Q 1n
Kirchenstegel Zg 23
Kirchenstr. L 9/10
Kirchentwiete J 10
Kirchenweg P 9
Kirchhofstr. S/T 6
Kirchhofstwiete S 6
Kirchhofsweg Zd 17
Kirchlinden U/V 10
Kirchwärder Elbdeich [W/Zb 21/26
Kirchwärder Hausdeich [Za/c 21/24
Kirchwärder Landweg [X/Zb 19/24
Kirchenwärder Mühlen- [damm Zc 24/26
Kirchwärder Querweg [W/Zb 21/26
Kirschenstieg O 2
Kirschtenstr. A 8
Kiwittredder R/S 1j/12
Kiwittsmoor P 1j
Klappstr. S 7
Klausenburger Weg M20
Klaus-Groth-Str. Q 9
Klaus-Lembek-Str. M 3/4
Klaus-Schaumann-Str. [Za/b 17/18
Klaus-Schoke-Str. M 9
Klaus-Stallknecht-Str. L 9
Klausstr. J 9
Kleefeld L/M 22
Kleekamp Q 1n/o
Klefeker Damm U 9/10
Kleiberweg F 4
Kl. Bäckerstr. O 9
Kleine Bahnstr. K 7
Klein-Dradenauer Deich [G 12/13
Kl. Freiheit L 9
Kl. Johannisstr. N/O 9
Kl. Marienstr. L 9
Kl. Papag.-Str. L 10
Kl. Prinzenstr. L 10
Kl. Rainstr. J 9
Kl. Burstah N 10
Kl. Reichenstr. O 9
Kl. Kielort M 7
Kleiner Küsterkamp T 7
Kl. Rosenstr. O 9
Kleiner Pinnas L 10
Kl. Pulverteich P 9
Kl. Schäferkamp M 7/8
Kleiner Schippsee N 19
Kl. Seilerstr. M 9
Kleine Wiese W 1o
Kl.-Flottbek. Weg F/G 9
Kl. Fontenay O 8
Kleingartenweg P 13
Klein-Jüthorn-Str. T/U 7
Kleinsand N 14
Kleinworths Höh E 5
Kleiststr. K 9
Kleverwisch U 1m
Kliewenstück U 2
Klingberg O 10

Klingenkamp Za 1o
Klinikweg Q 7
Klockenheid U 1o
Klopstockplatz J 10
Klopstockstr. J/K 10
Klosterallee N 6/7
Klostergarten N 6
Klosterhagen Zc 15
Klosterstern N 6
Klosterstieg O 7
Klosterstr. O 9/10
Klostertor O 9/10
Klosterwall O 9
Klosterwisch Y 1m
Klotzenmoor N 2/3
Klöwensteenweg Ab 5/6
Kluckstr. G 7
Klütjenfelder Str. N 12
Klütjenfelder Weg O 13
Knappe Böge P 2
Knasterberg T 1n
Knauers Eck N 5
Knauerstr. N 5
Knickweg P 6
Knie N 4
Kniep O/P 1n
Kniggestr. O 21
Kniprode W/Y 2
Knivsbergweg Y 10/11
Knochenhauertwiete O9
Knokenholt U 1n
Knoopstr. N 20
Knorrestr. P 8
Knospenweg A 7
Kobertstieg U 9
Koboldwiese M 21
Kohlbarg X 10
Kohlbargenredder X 10
Köhlbrand-Deich K 11/12
Köhlbrandhöft K 10
Köhlbrandstraße K/L 13
Köhlbrand-Tr. K 10
Kohlentwiete J 8
Köhlfleetdamm G/J 11/12
Kohlgarten P/Q 1
Kohlhöfen N 9
Kohmannsweg Z 1k [16/17
Köhnckeweg Zc 16
Kohrswort O 1n
Kolbergstr. P 9
Koldingstr. K 8
Kolkwiese V 1/2
Kollauer Heerstr. L 2/4
Kollaukamp L 3
Kollenhof J 3
Komotaustieg T 1 n/o
König-Georgs-Deich [N/P 16/18
Königgrätzstr. C/D 7/8
König-Heinrich-Weg [L/M 1n/l
Königshütter Str. S/T 5/6
Königskinderweg J 1m/n
Königstr. N 9
Konrad-Reuter-Str. W 1m
Konsul-Francke-Str. L 18
Konsul-Renck-Str. N 20
Konsul-Ritter-Str. M/N18
Koopstr. M 7
Kopernikusstr. X 4
Kopischweg K 1n/o
Köppenstr. N 3
Körnerstr. P 6
Kösterallee S 5
Kösterbergstr. Ab/d 7/8
Kösterrodenweg Za/b 4
Kösterstr. N 4
Köterdamm E/F 12
Köterholtwisch Z 4/5

Koppel P 8
Koppelbarg E 4
Koppelstieg P 15
Koppelstr. K 5
Koppelweg S 1k
Koppenried R/S 2/3
Kord-Evers-Str. H 7
Kornacker G 2
Kornbergstr. U 6
Kornblumenweg E 6
Kornpfad X 1o
Kornradenweg E 6
Kornträgergang N 9
Kornweg R 1o
Kornweide O 17
Korte Blöck Y 1f/g
Kortenland V 1j
Korveistr. M 4
Korverweg W 11
Kottwitzstr. M 6
Krähenweg L 1o
Kraepelinweg R/S 6
Krahnhöft O 11
Kramer-Kray-Weg T/U 1k
Krampengrund Z 11
Krampstieg W 1h
Kranichfeldstr. T 6
Kranichhorst L 1o
Kranichweg R/S 5
Krayenkamp N 9/10
Kreienbarg X 5
Kreienhoop S/T 1j/k
Kreienhoopsberg S/T 1j
Kreisstr. F 7/8
Kremnitzer Gasse M/N [20
Krempenhege Y 1f
Kremperstr. M 6
Kreuslerstr. O 9
Kreuzbrook R 10
Kreuzkirchenstieg U 10
Kreuzweg P 9
Kreyensaal V 8
Kriegerdankweg H 1o
Kriegkamp X 1
Krimhildstr. Ab 5
Krieshöhe H 5/6
Kritkamp U 1o
Krietenbarg T/U 1m
Krochmannstr. O 3/4
Krögen G 3
Krogergang Y 2
Krögerstr. Y/Z 2
Krögerstreppe A 8
Krohnsheide X 2/3
Krohnskamp O/P 5
Krohnstieg O 1m
Krokusstieg P 3
Kronprinzenstr. C 8
Kronsaalsweg H 4
Kronstädter Str. M 20
Kroogblöcke U 9
Krügers Redder T 2
Krugkoppel O 6
Krugtwiete R 9
Krumauer Stieg S 1o
Krumbeksweg V 2
Krumdal A 8
Krumdalsweg Ad/A 8
Krümmelsdiek Y 1h
Krummer Hagen Zb/c 25
Krumme Straße N 19
Kummholzberg N 20
Krummstücken W 7
Kruppstr. T/U 12/13
Krusemint S/T 4/5
Krüsistr. R 5
Krüßweg R 4
Krützkamp E 6/7
Kuckucksweg U/V 2

Küchgarten N 19
Küchlerweg Zc 15
Kuehnstr. W/X 5/6
Kugelfang N/O 3
Kugelsort N 9
Kuhberg M 10
Kuhgraben C 6
Kükenstieg D 4
Kuhkoppel X 1o
Kuhmühle Q 7/8
Kuhnsweg P 6
Kuhredder U/V 1j
Kuhtrift K 18/19
Kuhwärder Höft L 11
Kulemannsstieg H 1n
Kulenbreden R 1n
Kulmer Gasse T 5
Külpersweg F 11
Kümmellstr. N 5
Kummerfeldtsweg K/L 4
Kunaustr. V 1m
Kunhardtstr. N/O 5
Küperkoppel X 5
Kupferdamm W 4
Kupferhof Zc 16
Kupferredder X 1e/g
Kupferteichweg S/T 1j
Kurdamm N/O 15
Kurfürstenstr. U/V 6
Kurt-Küchler-Str. C/D 9
Kurt-Neubauer-Str. S 3
Kurveneck P 1 n/o
Kurze Mühren O 9
Kurzer Kamp Q 1n
Kurze Str. N 9
Küstersweg O 22
Küterwall N 9/10
Kuulsbarg A 7

L

Lachnerstr. Q 6
Ladenbeker Furtweg [Za/b 14/16
Laeiszstr. M 8
Lagerstr. M 8
Lahrmann-Str. L 9
Lambertistieg T 1m
Lambrechtsweg R 3
Lämmersieth R/S 5/6
Lammerskamp L 9
Lämmertwiete N 19
Lammstr. L 9
Lampenland Zd/e 17/18
Lampestr. G/H 4
Lamprechtstr. Zd 16
Landdrostenallee H1o
Landjägerstieg X 11
Landvogt-Peters-Str. Zd [26
Landwehr Q/R 8/9
Landwehrdamm R 8
Landwehrplatz Q 8
Langbargheide G 4
Langehorst Y 11
Lange Koppel X 1o
Langelohstr. D 7/8
Langemarckstr. O 8
Langemarckweg O 8
Lange Mühren O 9
Langenbecker Weg M/N [22
Langenbeckshöh Q 2/3
Langenberg K 21/22
Langenfelder Damm K6
Langenfeld. Str. K/L 7/8
Langenfort R/S 4
Langen Grund C 18/19
Langenhegen D 9
Langenhorner Chaussee [O/P 1h/n
Langenhorner Str. S/T 1k
Langenhorner Weg Q/R [1m/n
Langenjären R 1n
Langenrehm R 6
Langenstücken U 1l/m
Langenwiesen Z 11
Langereihe P 8/9
Langer Gang N 9
Langer Hagen S 11/12
Langermannsweg R 6
Langer Morgen M/N [16/17
Lange Str. L 10
Langheinstr. S 1j
Langkamp E 8
Langobardenweg L/M 1o
Langwisch S 1n
Laplaterstr. F 9
Lappenbergsallee K 6/7
Larktwiet V 2
Lärmberg T 7
Lastropsweg L 6
Lattenkamp O 4
Lattenkampstieg O 4
Lattenstieg O 4
Laubenweg O 1m/n
Lauenbrucher Deich N [18
Lauenbrucher Str. M 18
Lauenbruch-Ost N 18
Lauenburger Str. S 6
Laufgraben M 7/8
Laukamp P 1k/l
Launitzstr. R 8
Lauterbachstr. N 19
Lavendelweg T/U 5
Lawaetzweg K 9
Lederstr. H 5
Leemgrove Q 1k
Lehmbrooksweg V 4
Lehmkoppel Y 6
Lehmkuhlenweg Ac/d 5/6
Lehmoor M 1
Lehmweg M/N 5/6
Leiblstieg F 7
Leibnizstr. R 7
Leifs Knick Y/Z 1o/1
Leinpfad O 5/6
Leipziger Str. P/Q 7
Leistikowweg F 7
Leithastr. N 20
Leitmeritzstieg S/T 1o
Lembken-Twiete O 10
Lemsahler Bargweg V1j
Lemsahler Dorfstr. U/V [1h/j
Lemsahler Heerstr. U 1 [g/j
Lenaustr. Q 8
Lenbachstr. G 8
Lengerckestr. S 6
Lenhartzstr. N 5
Lenzenreye X 1h
Leopardenstr. K 5
Lerchenberg Z 1l/m
Lerchenfeld Q 7
Lerchenkamp H 1
Lerchenstr. L 8/9
Lesemannstreppe A 9
Lessers-Passage K 9
Lesserstr. T 5/6
Lessingstr. Q 8
Letternkamp W 11
Lettow-Vorbeck-Str. V 7
Leuchtturmweg Aa 7/8
Leunastr. J 7
Leutnant-Preuße-Weg [L 1
Leverkusenstr. J 8
Lewenwerder O 20
Lewetzauweg K 1o
Libauer Reihe X 3
Licentiatenweg N 1/2
Lichtwarkstr. N/O 5
Liebigstr. T/V 11/12
Liebrechtstr. O 21
Liedenkummer Ad 13
Lienauplatz W 1
Lienaustr. W 1
Lienhardstr. R 5
Liethberg K 4
Liethwisch K 3
Ligusterweg D 9
Liliencronstr. Y/Z 4/5
Lilienstr. O 9
Lilienthalplatz O 1
Lilienthalstr. O 1o/1
Limosenweg E/F 3
Lincolnstr. L 9/10
Lindenallee L 7/8
Lindenbergstr. Zd 15/16
Lindenkoppel T 11
Lindenplatz P 9
Lindenstr. P 9
Lindenweg X 11
Lindleystr. Q/R 11
Linnering O/P 4
Linnichstr. K 10
Linzer Gasse N 21
Lippeltstr. P 10
Lißmannseck R 4
Lisztstr. H 9
Lobuschstr. J/K 9
Lockkoppel U 1n
Lokstedter Damm M 3
Lokstedter Weg N 4
Loehrs-Weg N 5
Lohbrügger Höhe Zc 14
Lohbrügger Kirchstr. [Zb 15
Lohbrügger Markt Zc15
Lohbrügger Reichsstr. [Za/c 13/15
Lohbrüggerstr. Zb/c 15
Lohe V 1d/e
Loher Straße X/Y 4
Lohheide Y 1/1o
Lohhof R 8
Lohkamp W 11
Lohkampstr. F/G 2/3
Lohkoppelstr. Q/R 6
Lohkoppelweg L 5
Lohmannsweg L 19
Lohmühlenstr. P 8
Lohmühlenweg N 19
Lohseplatz O 10
Lohwurt G 3
Loigny-Platz N 8
Lokstedt. Grenzstr. K 4
Lokstedter Heerstr. M 4/5
Lollenboom N 2
Lombardsbrücke O 8/9
Lomerstr. T 5/6
Loogeplatz N 5
Loogestieg N 5
Loogestr. N 5
Lootsenhöft L 10
Lorenzengasse P 5
Lorenzstr. Q 10
Lorichsstr. R 3/4
Lornsenplatz K 9
Lornsenstr. K 9
Lortzingstr. R 7
Lothringer Str. S 6

Lottbeker Weg X 1g/h
Lottbeker Feld Y 1i/k
Lottbeker Platz Y 1i
Lottbektal X 1i
Lottestr. M 4
Louisenweg R 9/10
Löwehstr. M/N 5/6
Löwenzahnweg E 6
Luchtweg K 9/10
Lucienstr. K/L 10
Luckmoor E 4/5
Lübecker Str. Q 8
Lübecker Tor P 9
Lübecker Tordamm P 8
Lübecker Ufer O 12
Ludendorffstr. C/D 8
Lüdemannstr. F 8
Lüdemannsweg H 10
Lüderitzweg V 7
Lüdmoor U/V 1
Ludolfingerstr. L 19
Ludolfstr. N 4/5
Ludowiegweg N 19
Ludwig-Frahm-Weg T 11
Ludwig-Richter-Str. G 8
Ludwigstr. M 8
Lühmannsweg S 7
Luisenhofstieg W 10
Luisenstr. T 8
Lunapark K 7
Lüneburger Str. N 19
Lünkenberg E 9
Lünkenstieg R 5
Lünkenweg R 5
Lupinenkamp Q 1o
Lupinenweg E 6
Lürader Weg L/M 22/23
Luruper Heerstr. F/H 6/8
Luruper Weg K 6
Lutherhöhe H 7
Lütte Blöck X 1g
Lütten Oh W 5
Lütten Redder H 1n
Lutterothstr. K/L 6
Lütte Stegel Zd 21
Lütt-Iserbrook B 5/6
Lüttje Remen Z/Za 4
Lüttkamp F 4/5
Lüttkoppel P 1
Lütt Mattensteed E 20
Lütt Rümeken D 18
Lütt Straat K 20
Lütt Süderfeld M 4
Lützowstr. O 3
Lützowweg O 3
Lydiastr. T 7
Lyserstr. G 8

M

Maacksgasse Q 5
Maakendamm J/K 11/12
Maanbloom M 22/23
Machandelstieg U 1
Mackensenstr. O/P 3/4
Magdalenenstr. O 7
Magdeburger Kai O 10
Mahlstr. G 3
Maienweg W 1n
Maikowskyallee L 5/6
Maikstr. Zc 15
Maimoortwiete T 3
Maimoorweg T 3
Mainzer Str. V/W 11
Malerwinkel F 8
Malmedyer Str. S 6
Malvenstieg V 1/2
Malzweg Q 8/9
Mangelareweg L/M 6
Manshardstr. U 9
Manstadtsweg R 3
Mansteinstr. J 9/10
Manteuffelstr. B/C 8
Märchenweg M 21
Marchfeld N 21
Marckmannstr. Q/S 11
Marcusstr. M/N 9
Marderstraat T 11
Maretstr. N 20
Margarethenstr. L/M 7/8
Marggrafstr. K 8
Maria-Louisen-Str. O 5
Marianne-Wolff-W. S 5
Marienburger Kamp [X/Y 2
Marienhöhe Ad/A 7
Marienring T 7
Marienterrasse P 6
Marienthaler Str. R/S 8
Marienwärder Weg [W/X 2
Marktstr. M 8
Marktweg M 8
Marmstorfer Weg M [21/22
Marschall-Vorwärts-Str. [L/M 6/7
Marschländer Str. O 10
Marschnerstr. Q/R 6/7
Marschweg Ac 6
Marshoop W 5
Martensallee X 5
Martensbahn J 20
Martensweg P 6
Marthastr. L 7
Martin-Faust-Str. U 3
Martin-Germer-Str. J 8
Martiniplatz M 5
Martinistr. M/N 5
Martin-Luther-Str. N 10
Martin-Martens-Weg [KL 2
Masen O 11
Masenredder O 11
Masenstieg O 11
Masurenweg V 10
Mathildenstr. M 8
Mattentwiete N 10
Matthäus-Chemnitz-Str. [K/L 9
Mattheson-Str. K 6
Matthias-Scheits-Weg [R 3
Matthiessensweg L 10
Mattkamp X 8
Maukestieg V 10
Maulwurfstieg E 7
Maurienstr. R 5/6
Max-Eyth-Str. O 15
Max-Reger-Str. H 7
Maxstr. R 7
Max-von-Boehn-Str. M 6
Maybachstr. J 9
Mechthildweg L 2/3
Meckelburgsweg P 12
Meckelfelder Str. N 23
Meenkwiese N 4
Meerweinstr. Q 5
Meiendorfer Mühlenweg [V/Y 1m/n
Meiendorfer Reichsstr. [Y/Za 1o/2
Meiendorfer Stieg X/Y [1o
Meiendorfer Weg Y/Z 1 [n/o
Meilskamp W 1/2
Meinertstr. U 1m
Meisenstieg S 1k
Meisenstr. S 5
Meislingweg K 20
Meißnerstr. L 7
Meister-Bertram-Str. R 3
Meister-Francke-Str. R 3
Meistertwiete G 9/10
Melanchthonstr. J 5
Meldorfer Str. M 5
Melhopsweg W/X 1f/g
Melkerstieg Ab/c 5
Melkweg X 1o
Mellande V 1m/n
Mellenbergweg Z/Za 1 [m/n
Mellinburgredder V 1k
Melniker Ufer O/P 11
Memeldank U 1n
Memeler Str. S 5/6
Memellandallee K 7/8
Menckes-Allee S 7
Mengestr. N/O 15
Mennonitenstr. K/L 7
Mensingstr. O 21
Menzelallee G 8
Mercatorweg V 9
Merckelweg M 3
Mercurstr. M 8
Mergelgrund W 11
Mergellstr. L/M 19
Meriansdamm V/W 9
Meridianstr. R 8/9
Merkenstr. W 10
Meßberg O 10
Meßrägen X 1
Mesterbrooksweg U/V 1f
Mesterfeld G 3
Mesterfeldweg G 3/4
Mesterkamp Q 6
Methfesselstr. K 6
Mettenwarf J 1o
Mettlerkampsweg S 8/9
Metzer Str. S 6
Meurerstr. T 8/9
Meuronstieg Q 5
Mewesweg F 11
Meyermannsweg L 4
Meyns Passage K 10
Michaelisbrücke N 9
Michaelisstieg N 9
Michaelisstr. N 9
Middeltwiete O 1n
Middendorf S 4
Milcherstr. F 7/8
Milchgrund L 19
Milchstr. O 7
Mildestieg R 4
Millerntordamm M 9
Millerntorplatz M 9
Minenstr. P 9
Mirowstr. R 5/6
Missundestr. L 8
Mitauer Reihe X 3
Mittelkamp U 7
Mittelstr. R 8
Mitteltreppe A 8/9
Mittelweg N/O 6/8
Mittlerer Landweg W/X [15/16
Möhlenbrook R 1n/o
Mohlenhofstr. O 9
Möhlenort G/H 4
Möhlmannsweg A 8
Mohnhof Zc 16
Mohnstieg E 5/6
Moisburger Weg E 20
Mölenpütt V 1m
Mollerstr. N 7

Möllerskamp Zd 16
Möllerstreppe A 9
Möllner Landstr. V/Zb [10/11
Moltkeplatz U 6
Moltkestr. F/J 9/10
Moltrechtweg O 2
Mommsenstr. A 8
Mönckebergstr. O 9
Mönkedamm N 9
Monsweg K 8
Moojerstr. S/T 7
Moorbekweg Za 1k/m
Moorburger Burgweg [K 16
Moorburger Elbdeich [H/L 15/17
Moorburger Hinterdeich [G/L 17/18
Moorburger Kirchdeich [K 16
Moorburger Str. L 17/18
Moorende R/S 8
Moorflagen K 1n
Moorflether Kirchen- [weg T 14
Moorflether Str. U 11
Moorfurthweg P 5
Moorhof T/U 11
Moorkamp M 7
Möörkenweg Zd 15
Moorkoppel W/X 7
Moorlage M/N 23
Moorredder Za 11
Mooreye P 1n
Moorstieg J 18
Moortrift M/N 1/2
Moortwiete M 3
Moorwärder Norder- [deich R/S 17/18
Moorwärder Osterdeich [S 18/19
Moorwärder Süderdeich [R/S 18/19
Moorwärder Wester- [deich R 17
Moorweg M/N 3
Moorweidenstr. N 8
Moränenweg Z 2
Morathstr. T 9
Mordtmannsweg R/S 8
Morewoodstr. T 6/7
Morgensternsweg R 5
Mörikestr. B 8
Mörkenstr. K 9
Möschenreem S 4
Moschlauer Kamp X 1o
Mövenstr. O 6
Mozartstr. P/Q 6
Müggenburg T 11
Müggenburger Str. [Q/R 13/14
Müggenkampstr. K 6
Mühlenberg B 8/9
Mühlenberg. Weg B 8/9
Mühlenbrook Y 1f/g
Mühlenbrücke Z/Za 18
Mühlendamm Q 8
Mühlenhagen S 10/11
Mühlenkamp P 6
Mühlenredder W 1e/f
Mühlenstr. M 9
Mühlenwerder Damm [H/J 10/11
Mühlhäuser Str. S 6
Müller-Emden-Str. U 1m
Müllerstr. N 20
Mümmelmannsberg [X/Y 12
Mumsenstr. L 8
Münchhausenstieg M 20
Mundsburger Damm [P/Q 7/8
Münstermannsweg R 3
Münzkamp S 1n
Münzplatz P 9
Münzstr. O/P 9
Münzweg P 9
Murgasse N 20
Musäusstr. B 6
Museumstr. K 9/10
Mushörn W/X 5
Müssen S 1m
Müssenkoppel T 1l/m
Müssenredder S/T 11
Mützendorpsteed T 2

N

Nachtigallenstr. R 6
Nagelsallee L 8
Nagelsweg P/Q 9/10
Nartenweg N 20
Narvastr. X 1/2
Narzissenweg T 5
Naumannsplatz S 5/6
Nebenbahnstr. H 2/3
Nebendahlsweg U 7
Neckelmannstr. P/Q 5
Nedderfeld M 3/4
Neddermeyerstieg W 9
Nedderndorfer Weg T9
Nehlsstr. L/M 11/12
Nehusweg K 16
Nelkenweg T 5
Nerlichsweg S 8
Nernstweg J 9
Nerystr. T/U 8
Ness N 9
Neßdeich D/E 11
Nesselstr. P 1/2
Nettelbeckstr. H 8
Nettelkrögen N 11
Nettelnburger Str. Za/b [17/18
Neuberger Weg O/P 1k
Neubertstr. Q 8
Neuding E/F 8
Neue ABC-Straße N 9
Neueburg N 10
Neue Gröningerstr. O 10
Neuerdeichstegel [A 12/13
Neuenfelder Hinterdeich [A 14
Neuenfelder Kirchdeich [Ab 13
Neuengammer Elbdeich [Ze/f 23/26
Neuengammer Haus- [deich Za/f 19/23
Neuengammer Heer- [weg Zc/d 22 25
Neuengammer Hinter- [deich W/Ze 18/25
Neue Rabenstr. N/O 8
Neuer Heerweg Zb/d [21/24
Neuer Jungfernst. N 9
Neuer Kamp M 8/9
Neuer Pferdemarkt M8/9
Neuer Steinweg M/N 9
Neuer Wall N 9
Neuer Wandrahm O 10
Neue Straße Zc 16/17
Neuhäuser Damm P/Q12
Neuhöfer Brückenstr. [L/M 13/14
Neuhofer Str. M/N 13/14
Neuländer Alterdeich [Q 20/21
Neuländer Elbdeich [O/R 18/19
Neulander Str. N/O 19
Neumann-Reichardt-Str. [T 7
Neumeyerstr. M 9/10
Neumühlen J 10
Neum. Kirchenweg J 10
Neumünsterstr. M 5/6
Neurahlstedter Dorf- [platz Z 3
Neurahlstedter Heer- [weg Z/Za 3
Neurahlstedter Kirchen- [stieg Y 4
Neusaatzer Gasse U 20
Neustädter Kirchen- [twiete N 9
Neustädt. Neuerw. M 10
Neustädter Str. N 9
Neu-Surenland V/W 2
Neuwiedentaler Str. G [17
Nibelungenweg Aa 5
Nicolaistr. M 10
Nicolaus-Falck-Str. F 8
Niebüllweg Y 11
Nieburstr. R 10
Niederelbische Str. M [18/19
Niedergeorgswerder- [deich P/S 13/14
Niederländische Str. [J 10
Niederfeldernstr. P 12
Niedernkamp P 13
Niedernstegen P 1
Niedernstr. O 9
Niedersachsenkamp [O 22
Niedersachsenstr. Q 10
Niederschleems V 11
Niehusen P/Q 13
Niekampsweg G 3
Niemannstr. M 19
Niendorfer Gehege [J/K 2/3
Niendorfer Heerstr. [J/L 1o/2
Niendorfer Kirchenweg [L 1/2
Niendorfer Marktpl. L 2
Niendorfer Straße L 3
Niendorfer Weg M 3
Nienkamp L/M 1
Nienstedten. Marktpl. [D 9
Nienstedtener Str. D 8/9
Nigen Rägen V 2/3
Nigravenstraat E 17/18
Nikolsburger Weg S 1o
Nincoper Heerweg Ad [13
Nincoper Moorweg [A 14
Nincoperoort Ad 13
Nippoldstr. L/M 13
Nirrnheimweg M 2
Nissenstr. N 4
Nixenstieg M 21
Noerstr. G 8
Nogatstieg X 2
Nöldeckestr. N 20
Nölkensweg R 4
Nollsstr. P 8
Nöltingstr. D/E 9
Nonnenstieg N 6

Nopitschweg K 9
Norburger Str. H 7
Nordalbingerweg L1m/n
Norder-Elbstr. M 10/11
Norderkirchenweg E [11/12
Norder-Ohe V 11
Norder-Quai-Str. P 10
Norderreihe L 9
Nordersand M 10/11
Norderschulweg F 11
Norderstr. P 9/10
Nordfriesländer Str. J 3/4
Nordlandweg Z 1o/1
Nordmarkplatz S 5
Nordmarkstr. V 5/6
Nordschleswiger Str. S [5/6
Nordstranderweg J 3
Normannenweg Q 9
Novalisweg P/Q 5
Nußkamp Q 1o
Nydamer Weg Y/Z 1/2
Nymphenweg M 21

O

Oben Borgfelde Q 9
Obenburger Querweg [K/L 16/17
Oberaltenallee Q 7
Oberer Landweg Za [16/18
Obergeorgswerder-[deich S 14
Oberhafenstr. O 10
Oberschleems W 11
Oberschlesische Str. [S/T 5/6
Oberstr. N 6
Oberwärder Damm Q 12
Ochsenwärder Elbdeich [S/V 19/21
Ochsenwärder Kirchen-[deich T 18
Ochsenwärder Land-[scheideweg T/W 18/21
Ochsenwärder Landstr. [S/T 16/18
Ochsenwärder Mühlen-[weg U/V 17
Ochsenwärder Norder-[deich U/V 17/19
Ochsenwärder Twiete [S/T 18
Odenwaldstr. L 6
Oderfelder Str. N 5/6
Oedenweg U/V 1j
Oertzeck S 4
Oertzgarten S 4
Oertzweg S 4
Oelkers Allee L 8
Oelmühle M 8
Offakamp M 3/4
Ohkamp Q 1n
Ohlendiek S/U 1j/k
Ohlendorffs Tannen Y 1k
Ohlendorffstr. R 8/9
Ohlenkamp F 7/8
Ohlnhof Ad 5
Ohlsdorfer Str. O 4
Ohlstücken Zc 15
Ohlstedter Heerweg W [1h/j
Ohlstedter Platz Y 1g
Ohlstedter Str. Y 1g/h
Ohlwöhren A 7
Ohlystr. Zd 15/16
Ohmoor L/M 1n/o
Ohmstr. J 8
Ohnhorststr. D/E 8
Öjendorfer Damm X 6
Öjendorfer Höhe W/X [10
Öjendorfer Steinkamp [X 10
Öjendorfer Weg V/W 10
Oktaviostr. U 7/8
Olafsfahrt Y 1o
Oldachstr. R 4
Oldenburger Str. J 3
Oldenfelder Reichsstr. [X/Y 2/4
Oldenfelder Str. Y 2/3
Oldesloer Str. J/K 1m/n
Ole Boomgaarden Y 1e
Ole Enn R 4
Ole Feldweg Y/Z 2
Ole Hoop B 8
Ole Karkhoff M 13
Olendörp P 1
Olendörpredder T 1 l
Olenreem V 1g/h
Olgastr. P 10
Olivaerstr. S 6
Olloweg H/J 3/4
Ölmühlenweg U/V 5/6
Olmützer Str. M/N 19
Olshausenstr. G 9
Ölstr. L 17/18
Oortkatenweg U/W 19/20
Oortskamp H 2
Op de Elg W 1m
Op de Solt U 10
Ophagen K 7
Ophof U 3
Opitzstr. O/P 5
Op'n Hainholt A 5/6
Op'n Kamp A 8
Op'n Möhlnrad V 1e/f
Op'n Schierenholt Ad 7
Op'n Siek V/W 11
Orchideenstieg N 3
Ordulfstr. K 1
Ortrudstr. Q 6
Ortweide R 13
Osdorfer Ldstr. B/F 6/7
Osdorfer Weg F/G 7/8
Osebergkamp Y 2
Öselweg X 1
Oskar-Körner-Weg U 10
Oskar-Piepgras-Str. U10
Oskarstr. U 6
Ostafrikadamm X 5
Ostende W 5
Osterbeckstr. P/R 5/6
Osterbecksweg R 5/6
Osterbrook R/S 9/10
Osteresch F 7
Osterfelddeich E/F 12/13
Osterfeldstr. M 4
Osterhoffstr. L 19
Osterkamp U/V 7
Osterkirchstieg T 3
Österleystr. A 8
Osterloh B/C 6
Österreichische Str. N [20/21
Osterstr. K/L 6/7
Osterweg A 9
Ostfalenweg N 1n
Ost-Krauel-Elbdeich [Zd/e 26
Ostmannstreppe A 9
Ostmarkstr. N 7
Ostpreußenplatz T 5
Ostseite N 19
Oststeinbeker Weg X/Y [10/11
O'Swaldkai N 11
O'Swaldstr. T 9
Othmarscher Kirchen-[weg G/H 9
Othmarscher Mühlen-[weg H 9
Ottensener Straße H 4/5
Ottensener Marktpl. J 10
Otterhake N 13
Ottersbeckallee L 6
Otto-Billmann-Str. K 9
Otto-Blöcker-Str. M 5/6
Otto-Ernst-Str. E/F 8
Otto-Grote-Str. N 13
Otto-Kittel-Weg Z 5
Otto-Speckter-Str. R 4
Ottostr. R 7
Otto-Streibel-Weg L 3
Otto-Telschow-Str. N 20
Otto-Wittig-Str. Y 4/5
Otzenstr. L 9
Övelgönner Hohlweg [G 10
Övelgönner Mühlenweg [H 10
Övelgönner Str. K 7
Overbeckstr. P 7
Overbodenweg S 7
Över de Beke L 22
Överseestr. K 8
Ovestieg S 1n/o
Owiesenstr. S/T 3

P

Paalende Z 4
Paalmoor Q 1k
Paalzowweg Zd 16
Paarmannsweg A 9
Packerstieg Q 12/13
Packersweide P/Q 13
Pagenfelder Platz T/U 9
Pagenfelder Str. T 9
Pahlblöckensredder Z2/3
Palmaille K 10
Panamastr. H 8
Pannerstieg Zd 16
Pannsweg P 1j
Panzerstr. B 9
Papendamm M/N 7/8
Papenhuder Str. P 7/8
Papenkamp E/F 8
Papenstr. Q/R 8
Pappelallee S 7
Paradieshof N 9
Parallelstr. O 14/15
Parazelsusstr. X 4
Parchimer Str. Y/Z 3
Parkallee N 6/7
Parkstr. F 8/10
Pasmannsweg N 10
Paßborghöhe M 1o
Passierzettel P 12
Pastorenstr. N 9/10
Pastor-Thun-Str. D 9
Paul-Bäumer-Platz O 1o
Paul-Eickhof-Str. U 6
Paul-Gerhard-Str. N 21
Paulinenallee L 7
Paulinenplatz L 9
Paulinenstr. L/M 9
Paul-Keßler-Str. U 9
Paul-Mahr-Str. Z 11
Paul-Roosen-Str. L 9
Paulsenplatz L 8
Paul-Sperling-Twiete T [1n

Paulsplatz L 10
Paulstr. O 9
Paul-Stritter-Weg Q 2/3
Paulsweg Q 7
Peemöllerstr. Zd 17
Peerschentwiet V 1
Peiffersweg R 4/5
Pelikanstieg J 4
Pellwormgang Y/Z 4
Pelzerstr. O 9
Pepermölenbek L 9/10
Pepers Diek B 8
Peperssee O 22
Peperstr. M 19
Perckentinsweg K 1o
Perlbergweg W/X 1l/m
Pernambucoweg H 8/9
Pernauer Stieg X 1
Perthesweg S 8
Perustr. H 8
Pestalozzistr. R/S 5
Peter-Beenck-Str. N 15/16
Peter-Cölln-Weg K 2/3
Peter-Marquard-Str. P 6
Peter-Schöffer-Stieg W [11
Petersenkai P 11
Peterskampweg R 7/8
Peterstr. M/N 9
Peter-Timm-Str. H 1n
Peter-Werth-Weg V 6
Petkumstr. P 7
Pettenkofer Str. K 9
Peuter Elbdeich Q/R 12
Peutestr. P/S 12/13
Pezolddamm V 1
Pfauenweg R/S 5
Pfeiffersgang L 9
Pfeilshofer Weg U 1n
Pfenningsbusch R 6
Pfenningwiese J 1
Pferdekoppel W/X 1o
Pferdemarkt O 9
Pfiersbarg U 1g
Philippsstrom A 8/9
Philosophenweg H 9/10
Pickhuben O 10
Pidder-Lüng-Weg Y 4/5
Pikartenstr. C 8/9
Pilatuspool M/N 9
Pillauer Str. T/U 4/5
Pinelsweg S 6
Pinguinweg J 4
Pinnasberg L 10
Pinnasweg L 10
Pinneberger Chaussee [F/H 1/3
Pinneberger Str. G/H 1o
Pinneberger Weg K/L 7
Pionierweg M 19
Pirolkamp U/V 1e
Plaggenbrook X/Y 1/2
Plan O 9
Planckstr. J 9
Planettastr. N 21/22
Planges Deich N 15/16
Platanenallee Q 4
Plathweg R/S 4
Pleskauer Reihe W/X 3
Plöner Str. K 7/8
Poelchaukamp O/P 6
Poelkappellenweg L/M 6
Poelsweg S 8
Poggendorffstr. T/U 11
Poggenmühle O 10
Poggfred Y/Z 5
Pollhof Zd 17/18
Pollhofsweg Zd 18
Polostr. D 8
Poolstr. N 9
Poppenbütteler Weg [R/T 1m/n
Poppenbüttl. Bahnhofs- [stieg U 1l/m
Poppenbütteler Heerstr. [U 1k/l
Poppenbütteler Markt [U 1l
Poppenhusenstr. R 5
Poppenpriel D 11
Pöseldorfer Weg O 7
Poßmoorweg O/P 5
Posteck C 18
Posthornstieg V 10
Poststr. N 9
Potosistieg A 9
Prager Ufer O/P 11
Präsidentenweg L 9
Präs.-Krahn-Str. K 9
Prätoriusweg L 6
Prechtsweg R 3
Prehnsweg Z 3
Preßburger Str. M 19/20
Preußerstr. F/G 9
Preystr. P 6
Prielstr. P 12
Primelweg Q 1o
Prinz-Eugen-Str. O 21
Privatweg E/F !
Pröbenweg R 9
Probsteier Str. S 6
Promenadenstr. L 1/2
Propst-Adler-Str. L 9
Propst-Paulsen-Str. A/B 8
Puckaffer Weg T/V 1e
Pugholm G 1
Pulverhofsweg W/X 4
Pulverteich P 9
Pulverturmsbrücke N 10
Pumpen O 10
Pumppeselweg S/T 1/2
Pusbackstr. Z 1n/o
Puterweg E 4
Püttenhorst Za 16/17
Puttentwiete Q 1
Püttkampsweg D 8
Püttkuhl D/E 7
Puvogelstr. U 5/6

Q

Quäkerberg K 10
Quarree S 7
Quedlinburger Weg K [1n/o
Quellental D/E 9
Quellenweg S 8
Querdeich Zb/c 17/18
Querkamp U/V 8/9
Querpfad O 1j
Querstr. L 9
Quickbornstr. L 6
Quinsweg L 9
Quittenweg V 1

R

Raalandsweg Ab 6
Raawisch X 7
Rabenhorst U 1n
Raboisen O 9
Rackertwiete Ab 6
Radebleek S/T 1m
Radekamp V 1o
Rademachergang N 9
Radenwisch J 1n
Rader Weg X 1d
Radolfsweg Y 4/5
Rahlau W/X 5/6
Rahlskamp H/J 4
Rahlstedter Bahnhofstr. Y 3/4
Rahlstedter Heerstr. [Y/Z 3/4
Rahlstedter Kirchenstr. [Y 4
Rahlstedter Weg W 3/4
Rahmoor N 1n
Rahmwerderstr. P 14
Rahnstr. T 3
Rahweg M 1o
Raimundstr. O 21
Rainville-Terrasse J 10
Rainweg N 5
Ralph-Baberadt-Str. [O/Q 1/2
Rambachstr. M 10
Rambatzweg P 5
Ramborgersweg Q 6
Rammhörn W 1n
Rampenstr. P 11/12
Randersweide Za/b 17/18
Randstr. J 5
Rantzaustr. S/T 7
Rappstr. N 7
Rapsweg D 4
Rasch-Weg X 2
Rathausstr. O 9
Ratsmühlendamm P/Q 1
Ratteiler Schlöperstieg [O 15/16
Rauchstr. U/V 7
Raupenstieg E 5
Rautenbergstr. O 9
Rebhuhnstieg J 4
Rebhuhnweg L 1
Rechteck U 7
Reckkamp P 1l/m
Redder V/W 1m/n
Redderkoppel T 11
Redderplatz Q 2
Redingskamp G 2/3
Reeperbahn L/M 9
Reepschlägerweg N 13
Reeseberg N/O 20/21
Reesendamm N/O 9
Reesestr. R 6
Reetstremel D 11
Reetwärder Zc 16
Reginenstr. Q 11
Rehdersweg S 1j
Rehhoffstr. N 10
Rehmbrook S/T 11
Rehmkoppel T/U 1m/n
Rehmstr. O 4
Rehpfad W/X 1l/m
Reichardtstr. H 8
Reichenberger Str. T 1n/o
Reichsbahnstr. H 3/4
Reichskanzlerstr. D 7/8
Reichsplatz K 9/10
Reiherbergsweg H 19
Reiherdamm M 11/12
Reiherstiegdeich M/N [13/15
Reiherstr. M 11
Reimarusstr. M 10
Reimersbrücke N 10
Reimerstwiete N 10
Reimersweg L 22
Reinbecker Weg Zc/d 16
Reinbeker Redder Z/Zc [13/14
Reinckeplatz N 5
Reineckestr. H 7
Reinfeldstr. M 8

Reinhard-Keiser-Str. N 9
Reinholdstr. N 20
Reinsal Y 1o
Reinskamp X 9/10
Reinstorfweg N 13
Reismühle Q 8
Reisners Kamp V 6
Reitbrooker Hinterdeich [W 19
Reitdeich V/W 17
Rektor-Ritter-Str. Zc 16/17
Reller P 22
Rellinger Str. K 6/7
Rellinger Weg G 1
Rembrandtstr. F/G 7/8
Remstedtsweg T 2
Rendsburger Str. M 9
Rennbahnstr. T 8/9
Renntierstieg Za 1o
Rentzelstr. M/N 7/8
Repgowweg L 5
Repsoldstr. P 9/10
Resedenweg Q 1o
Reßelweg R/S 4
Rethedamm M 14
Rethelstr. G 8
Rethkoppel S 1k
Rethmannsredder H 1o
Rethweg P 15
Rethwisch N 11
Revalerstr. P 9
Reventlowstr. G 8/9
Reye W 1 f
Reyes-Weg R 6
Rheingoldweg Aa/b 5/6
Rhiemsweg T 9
Ribenweg Zb/c 25
Richard-Dehmel-Str. A 8
Richard-Linde-Weg [Za/b 15
Richard-Menzel-Allee [L/M 4
Richardstr. Q/R 7
Richeystr. R/S 3/4
Richterstr. P 6
Richthofenstr. N/P 1n/o
Richtweg N 19
Rickelstr. K/L 20/21
Riedgrund U 9/10
Riehlstr. Zb 15
Riemenschneiderstieg F 7
Riesenschritt M 21
Rigische Reihe W/X 3
Rilkeweg F 8
Ringelblomen S 4
Ringstr. Y/Z 1n/o
Riostr. H 8/9
Rispenweg G 4
Rissener Bahndamm Ab 6
Rissener Busch Ab/c 6
Rissener Dorfstr. Ab 6
Rissener Ldstr. Ab/d 6/8
Rissener Ufer Ab 8
Riststr. O/P 5
Ritterspornweg E 6
Ritterstr. R 7/8
Rittmerskamp O 1l/m
Ritzebüttler Reichsstr. [A/H 18
Röbbeck F 7/8
Robert-Garbe-Str. M 7
Robert-Koch-Stieg N 5
Robert-Koch-Str. N 5
Robinsonstr. Q 10
Rockenhof Z 1m
Rodenbekredder W 1h
Rodenhof K 9/10
Rodenkampweg O 1n
Rodum V 1o
Rödingsmarkt N 10

Roehlstr. F/G 5
Roepers Weg P 5
Rögenweg Y 11
Roggenkamp R 5
Roggestr. L 20
Rohdestr. P 9
Rohrammerstieg U/V 2
Röhrigstr. H 9
Röhrsstr. N 19
Rohrweg M 11
Rolandsbrücke O 9
Rolandstr. K 9
Rolfinckstr. T/U 1n
Rombergdamm K 6
Rondeel O 5/6
Rondenbarg J 6/7
Rönkkoppel U/V 2
Rönkrei T/U 1k
Rönneburger Freiheit [O 22
Rönneburger Kirchweg [O 22
Rönneburger Str. N/O [21/22
Rönnhaidstr. Q 6
Rönnkamp H/J 1m
Röntgenstr. P 1
Rooksbarg X 1o
Röörfeld L 13
Röötberg X 1g
Roonstr. G/J 9
Roosenspark G 9
Roosensweg G 9
Rööwkamp T 7
Röprade Zc 14
Rosamstwiete R 4
Rosariostr. F 9
Roseggerstr. O 21
Rosenallee P 9
Rosenbrock N 3/4
Rosengang L 10
Rosengarten H/J 3
Rosenhagenstr. G 8
Rosenhofstr. L 8
Rosenreihe P 1n
Rosenstr. O 9
Rosentreppe N 21
Rosmarinstr. T/U 5
Rossausweg Q 8
Roßberg R 7/8
Roßdamm K/M 12/13
Roßweg L 13
Rostocker Str. P 8/9
Roststraat C 18
Rotbuchenstieg P 3
Rotdornallee T/U 2
Rotdornstieg P 2/3
Rotenbrückenweg V/W [11
Rotenhäuser Reichsstr. [Ze/f 17/18
Rothenhäuser Str. N/O [14
Roter Hahn W 1
Roterhof T 7
Rothenbaumch. N 6/8
Rothenbeker Str. W 1h/i
Rothenburgstr. S 11
Rothesoodstr. M 10
Rothestr. J 9/10
Röthmoorweg J 1
Röwerlöwenkamp L 4
Rubbertstr. O 14
Rübenhofstr. P/Q 1
Rübenkamp Q/R 2/5
Rückersweg S 9/10
Rückertstr. S 7
Ruckteschellweg R 7/8
Rüdigerau Ab 4/5
Rudolfstr. N 13

Rudolphiplatz S 5
Rudorffweg Y/Z 13
Rugenbarg D/F 5/6
Rugenbargener Weg H [1m
Rugenberger Damm J/K [12/13
Rugenbohm B 7
Rugewisch P 1n/o
Ruhmkoppel V 10
Ruhrstr. J 7/8
Rulantsweg H 10
Rümkerstr. R 4
Rumpffsweg R/S 9
Rundgang Z 3
Rungestieg R 3
Rungestr. R 3/4
Runenkamp Y/Z 1
Rungholt Y 4
Rungwisch H/J 3
Ruriksweg Y 1o
Rüsternkamp F 7
Rüsternstieg P 1
Ruststr. L 20
Rüstweg N 24
Rütersstieg M 22/23
Ruths Weg R 4
Rutsch A 8
Rutschbahn N 7
Rüümk O 1n

S

Saarlandstr. Q 3/5
Saarstr. Zd 16
Saartreue T 1n/o
Sachsenborn L 9
Sachsenbrücke P 12
Sachsentor Zc 16
Sachsenweg L 1n/o
Sägerplatz N 9
Sagebielsweg A 9
Sagenweg L/M 21/22
Sägmühlenstr. K 10
Saling R 8
Salsborchallee T 7
Salzburger Weg N 22
Salzmannstr. Q 10
Sammannreihe Zb/c 15
Sand N 19
Sandbekstieg B 18
Sandberg K 10
Sanderskoppel S 1n/o
Sanderstr. Zc/d 15
Sandfall E 11
Sandfontein X 5
Sandfoort O 1l/m
Sandhöhe F 11
Sandkamp U 9
Sandkrug R 7
Sandkrugweg G 1
Sandkuhlenkoppel S 1k
Sandkuhle Y 3
Sandmoorweg Aa/b 5/6
Sandort D 6
Sandstr. U/V 2
Sandstücken V 2/3
Sandtorhöft N 10
Sandtorkai N/O 10
Sandtorufer N/O 10
Sandweg L 7
Sandwisch T/U 13/14
St.-Annen-Platz O 10
St.-Annen-Ufer O 10
St.-Anschar-Platz N 9
St.-Benedict-Str. N 6

St. Georgskirchhof O 9
St.-Georg-Str. O 9
St. Jürgenplatz W 1o
St. Jürgenholz O 1m
St. Jürgenstr. W 1o
St.-Pauli-Fischmarkt L 10
St.-Pauli-Hafen-Str. L/M [10
St.-P.-Landungsbr. M 10

Santosstr. H 8/9
Sartoriusstr. K 6
Saschen B 13
Saselbekweg W 11
Saselbergweg U 1k/l
Saseler Bahnhofsstr. [U/V 1l/m
Saseler Damm U/V 1l
Saseler Heerstr. U/V 1 [l/o
Saseler Looge V 1m
Saseler Markt V 1l/m
Saseler Mühlenweg V k/l
Saseler Str. Y/Z 1
Saseler Weg X/Y 1m
Saselheider Str. X 1o
Saselheider Weg X 1o

Schaarmarkt M 10
Schaarsteinweg N 10
Schaarsteinwegbrücke [N 10
Schaartor N 10
Schackendamm P/Q15/16
Schadesweg R 10
Schädlerstr. T 7
Schäferkampsallee M 7
Schäferkoppel X 1e
Schäfersruh V 1m
Schafgarbenkamp E 5/6
Schafshagenberg K/L 22
Schanzengrund G 19
Schanzenstr. M 8
Schanzenweg L/M 10
Schanzkamp C 8
Schäperdresch S 1i/k
Scharlbarg C 18/19
Scharnhorststr. G 8/9
Scharpenbargsweg F 18
Schattengang L 20
Schatzmeisterstr. T 7/8
Schaudinns Twiete Q 4
Schaudinnsweg Q 4
Schauenburg. Str. N/O 9
Schaumann-Platz Zb 17
Schedestr. N 4
Scheelenstegel Zd 21
Scheel-Plessen-Str. K 9
Scheeßeler Weg M 20
Scheffelstr. O 6
Scheideweg M 6
Schellestr. M 7
Schellingstr. R/S 7
Schemmannstr. Y 1m/n
Schenefelder Diek B 7
Schenefelder Heerstr. [D/F 4/6
Schenefeld. Ldstr. B/C 5/8
Schenefelder Str. K 6
Schenkendorffstr. P 6
Scheteligsweg T 9
Scheubner-Richter-Str. [U/V 9/10
Scheuernweide N 19/20
Scheve Boomstraat D/E [18
Schierenberg X/Y 1
Schierenkamp O 1m
Schierhornstieg Z 1
Schiern Eken V/W 1m/n

Schießbahn J 18/19
Schiffbeker Höhe V 10
Schiffbeker Schanze V 11
Schiffbeker Weg V/W [8/10
Schilfgrund U 4
Schilfstr. M 11
Schillerstr. K 9/10
Schillerufer Zc 16
Schillingsbektal L 4
Schillingsbekweg K 4
Schillstr. W 5
Schimmelmannstr. U/V [6/7
Schinkelstr. P 6
Schippelsweg L 1o
Schipperort N 13
Schipperstegel Zd 21
Schlachterbuden L 10
Schlachterstr. N 9
Schlachthofstr. O 19
Schlagbaumtwiete G 10
Schlagboom U 3
Schlagemihlstreppe A 8
Schlageterring P/Q 5
Schlageterstr. J/K 8
Schlangenkoppel X 10
Schlankreye M 6/7
Schlankweg Ad 5
Schlebuschweg Zd 16
Schleemersweg V 10/11
Schleeweg K 10
Schlegelsweg S 7
Schlehdornweg P 1o
Schlehenweg J 1m
Schleichstr. L 9
Schleidenplatz Q 6
Schleidenstr. Q 6
Schlengendeich N 15
Schleswiger Str. J 7
Schlettstädter Str. S 6
Schleusenbrücke N 9
Schleusendamm Zb 18/19
Schleusenheerweg U 1 [l/m
Schleusenhöörn Zb 18
Schleusenredder W 1f
Schleusenstieg W 1f
Schleusentwiete U 11
Schlickböge W 1f
Schlicksweg R/S 4
Schlieffenstr. O/P 4
Schlinckstr. O 14
Schloostr. F 11
Schlöperstieg O 15/16
Schlüterstr. N 7/8
Schlüüskamp O/P 11
Schluisgrove N 15
Schmachthägerstr. R 3
Schmachthagen R/S 2
Schmalsweg Z 3
Schmalenbecker Str. Q 6
Schmalenremen Z 1k/l
Schmalestr. N 20
Schmarjestr. K 9
Schmidtsbreite N 15/16
Schmidts Passage K 9/10
Schmiedestr. O 9
Schmilinskystr. P 8
Schmucks Passage L 9
Schmuckstr. L 9
Schmüserstr. T 6
Schnaakenmoor Ab 4
Schnackenburgallee G/H [4/7
Schneckenburger Str. B 8
Schneckenstieg E 5
Schneeglöckchenweg T 5
Schneehuhnstieg Z 1o
Schneisenstr. Z 1n/o

Schnelsener Reichsstr. [H 1/1m
Schnuckendrift D 18
Schnudts-Treppe A 8
Schoenaich-Carolath- [Str. F 8
Schönbornreihe T 8
Schöne Aussicht O/P 7
Schönenfelder Str. P/Q [14/15
Schönerstr. O 20/21
Schönsberg V 11
Schönstr. M 8
Schönweg K 1o
Schoolheid C/D 18/19
Schoolmesterkamp Y 1n
Schoolpadd Y 2 [H/K 1m/o
Schopenhauerweg H/J 10
Schopenstehl O 9
Schopstr. K 6
Schorchtstr. M 19
Schosterbarg D 18/19
Schottmüllerstr. N 5
Schrammsweg N 5
Schrebergartenstieg U 4
Schreberstr. N 2
Schregenhof R 1m
Schreinerweg F 5/6
Schröder-Stift-Str. M 7/8
Schröderstr. P/Q 8
Schrödersweg M 3
Schrötteringksweg P 7
Schubackstr. N 4
Schubertstr. Q 6/7
Schulauer Weg Aa 7
Schulberg H 10
Schulenbrooksweg Zc/d [16
Schulgang N 9
Schulkamp D 9
Schulkoppelweg Zb/c 16
Schulredder Z 13
Schulstr. O 9
Schulterblatt L 8
Schultess Damm T 1n/o
Schultzstr. T 6
Schultzweg P 9/10
Schulweg L 7
Schumacherstr. K 9
Schumannstr. P 6
Schünenkoppel X 1e
Schürbecker Str. Q 7
Schurzallee S/T 9/11
Schutenort N 13
Schütteneck E 17
Schüttstr. N 19
Schützenpforte O 9/10
Schützenstr. J 7/8

Schwabenstr. P/Q 10
Schwadronsweg T 8
Schwalbenplatz R 4
Schwalbenstr. R 4/5
Schwalbenweg L 1/2
Schwanenwik P 7/8
Schwansenstr. S 6
Schwartenkamp H 9
Schwarzenbergstr. M/N [19
Schwarzer Weg R/S 3
Schwarzestr. R 8/9
Schwarzlosestr. T 6
Schwedenkamp M 1
Schwenckestr. K/L 6/7
Schwenweg Q 1k
Schweriner Str. Y/Z 3
Schwetzer Gasse T 5
Schwindstr. G 8
Schwübb K 3

Sebastian-Bach-Str.
[P/Q 6/7
Sebastiangasse T 9
Sechslingspforte P 8
Sechslingstreppe A 8
Sechsundsiebzigerstr. N
[1/2
Sedanstr. M 7
Sedelmannsbusch S 1m/n
Seehafenstr. L/M 18
Seehofallee T 2
Seekamp U 1
Seestermannstr. L 10
Seestr. F 7
Seevedamm O/P 21/22
Seevedeich P/Q 22
Seevestr. N 19
Seewartenstr. M 10
Segeberger Heerstr.
[T/U 1d/e
Segeberger Platz P 1k/l
Segenhedkskamp H/J 1o
Seilerstr. L/M 9
1. Seitenstr. M 8
Seitzplatz S 7
Seitzstr. S 6
Sellhopsweg J 1
Selliusstr. L 6
Sellschopstieg Zd 16
Semmeringstr. N 20
Semnonenweg L 1o
Semperplatz P 5
Semperstr. P 5/6
Senator-Hayn-Str. N 5
Sengelmannstr. P/Q 1/3
Sentastr. Q 6
Serrahnstr. Zc 16
Sethweg K/L 1o
Setzergasse W 11
Seumestr. R/S 7
Seyboldstr. Zb 15
Seydecksreihe T 7
Sibbertstr. A 8
Sichter Zc/d 16
Siebenbrüderweide O
[16/17
Siebenbuchen A/B 6/7
Siebenburger Str. M 20
Siebenschön L/M 4
Siebenweg Ac 8
Siedenfelder Weg P/R
[15/16
Siedlersruh P/Q 15
Siedlung Seehof Ac 13
Siegfriedstr. Ab 5
Siekreystr. H 1
Sieldeich P 11/12
Sielpool J 14
Siemersplatz M 4
Siemersstr. Zb 14
Siemssenstr. N 4
Sierichstr. O/P 4/6
Sietwende X/Y 18
Sievekingplatz M 9
Sievekingsallee R/S 8
Sievekingspark S 8/9
Sieversstücken Ac/d 6
Sigiburg H 1
Silbersackstr. L 9/10
Sillemstr. K/L 6/7
Simon-von-Utrecht-Str.
[L/M 9
Simrockstr. B 8
Singelmannsweg W 5/6
Sinstorfer Heerweg K 23
Sinstorfer Schultwiete
[N 23
Skagerrakstr. O/Q 2/3
Skaldenweg Y 1o
Slamatjenbrücke N 10

Slebuschstieg S 9
Slomannplatz P 12
Slomanstieg P 12
Slomanstr. P 12
Slötelboom M 22/23
Smidtstr. S 8
Snitgerreihe S/T 9
Snitgerstieg T 9
Söbendieken D 9
Sodenkamp R/S 1o
Sodentwiete S 1o
Soesterstr. P 9
Sohrauer Stieg T 5
Sohrhof E/F 8
Soldkampsweg Y/Z 1
Sollweg J 6
Soltaus-Allee S 4
Soltstücken P 1
Somalikamp X 5
Somanns Höhe F 18
Sommerhuder Str. L 8
Sommerkamp Q 2
Sommerlust F 7
Sommerweg F/G 4
Sommestr. X 3
Sonderburger Platz S 5
Sonderburger Str. S 5
Sonnenau R 7
Sonnenlinie Q 1k/l
Sonnenweg W 4/5
Sonnenwende Q 1k
Sonninstr. P 9/10
Soodweg U/V 1
Söötsch O 1n
Sophie-Dorotheen-Str.
[M/O 13
Sophie-Kloers-Weg W7
Sophienallee L 7
Sorbenstr. Q/R 9
Sorenkoppel Za 4/5
Sorthmannweg L 6
Sottorfallee L/M 4
Spadenländer Weg T18
Spadenlander Elbdeich
[S 15/18
Spadenteich O 9
Spaldingstr. P/Q 9/10
Spanische Furt H 1
Spatzenwinkel F 4
Spechtort U/V 1h
Specken Zc 16
Speckenreye U/V 9
Specksaalredder V 1f
Speckshörn N 24
Speckstr. N 9
Speersort O 9
Spengelweg K 7
Sperberkamp V 1o
Sperberring P/Q 4/5
Sperlingsweg M 1m/n
Sperlsdeich Q 14/15
Sperlsdeicher Weg
[Q 14/15
Spichernstr. H/J 8/9
Spielbudenplatz M 9
Spitalerstr. O 9
Spitzbergenweg Z 1o/1
Spitzwegstr. G 7/8
Spohrstr. Q 6
Spökelberg V 11
Spökelbergring V 11
Sportallee O 2
Sportplatzring J 4/5
Spreenende M/N 2
Springeltwiete O 9
Spritzenplatz J 9
Spritzenweg L 4
Sprützkamp F 4
Sprützmoor F 4
Sprützwiese F 4

Stader Reichsstr. H17/18
Stadtdeich O/Q 10
Stadthausbrücke N 9
Stahltwiete J 8
Stakenkamp X 1h
Stammannstr. P/Q 5
Stangestr. J 9
Stapelfelder Heerstr.
[Z/Zb 3
Stapelfelder Weg Z 1
Stapelholmer Str. S 6
Stargarder Ring X 2
Starstr. R 5
Statthalterplatz F 8
Staudingerstr. E/F 7
Stavenhagenstr. M 2/3
Steckelhörn N/O 10
Steenbalken S 1m/n
Steenbargsweg U/V 1f
Steendammswisch K 1
Steendiek F 11
Steenkamp F/G 7
Steenkoppel Q 3
Steenrehm B/C 6
Steenwisch K 6
Steffensweg N 23
Steile Gasse L 20
Steiler Weg A 8
Steilshoper Forstweg
[R 2/3
Steilshoper Str. R/T 3/5
Steilshoper Teichweg
[S/T 2/3
Steinacker G 2
Steinbecker Str. R/S 10
Steinbeilort Za 1o
Steinbeker Grenzdamm
[Z 11/12
Steinbeker Markt W 11
Steinbeker Marktstr.
[W/X 11
Steinbeker Reichsstr.
[W/X 11/12
Steinbeker Reihe W/X 12
Steinbeker Weg W11/12
Steinblockstr. M 2
Steinbrinkplatz U 1m
Steinburger Str. J 3/4
Steindamm P 9
Steinfurther Allee X
[10/11
Stein-Hardenberg-Str.
Steinhauerdamm Q 8/9
Steinhöft N 10
Steinschanze O 10
Steinstr. O 9
Steintordamm O 9
Steintorplatz O/P 9
Steintorwall O 9
Steintorweg P 9
Steintwiete N 10
Steinw. Ufer L/M 11
Steinwegel W 1l/m
[W/X 4/5
Steinwegpassage N 9
Steinwiesenweg H 3
Steirische Str. N 21
Stellaustieg Z 4
Stellbergstr. R 5
Stellinger Chss. K/L 4
Stellinger Steindamm J4
Stellinger Weg K/L 6
Stemannsweg L 9
Stemmeshay W/X 4/5
Stemwarder Str. W/X 7
Stenvort K 7
Stephansplatz N 8
Stephanstr. T/U 4/6
Steppenweg Z 1 n/o
Sternallee T 7

Sternschanze M 8
Sternstr. M 8
Stettiner Str. L/M 12/13
Steubenstr. S/U 9/10
Sthamerstr. X/Y 1g
Stieglitzstr. R 7
Stiegstück Q 1n
Stiftstr. P 8/9
Stiller Weg E/F 7
Stillhorn. Damm N 11/12
Stillhorner Neuenfeld
[O/P 15/16
Stillhorner Weg P/R 17
Stinnratskamp F 8
Stockflethweg O/Q 1j
Stockhausenstr. Q 5
Stockkamp F 8
Stockmeyerstr. O 10
Stoeckhardtstr. R 8
Stofferkamp S 1k/l
Stolbergstr. P 6
Storchenstieg W 7
Stormarnhöhe Zc 14/15
Stormarner Str. S 6
Stormsweg P 7
Störtebekerstr. L/M 9
Stöttrupweg R 3
Stotloh K/L 4/5
Stradellakehre Q 6
Stralsunder Straße P 9
Strandhöft N 11
Strandkai N/O 11
Strandtreppe A 8/9
Strandweg A/B 8/9
Stranskystieg U 9
Straßburger Platz S 6
Straßburger Stieg T 6
Straßburger Str. S/V 5/6
Stratenbarg V 11
Strauchweg A 7
Straußstr. H 7/8
Streekweg Y 11
Surenlandweg V/W 2
Strenge T 1m
Stresowstr. Q/R 11
Stroblomenpadd T 4
Struckholt Q 1
Struenseestr. K/L 10
Strutzweg U 11
Stubbenhuk N 10
Stubbenweg X 1l/m
Stübeheide R/S 1o
Stübekamp R 1o
Stübenhofer Weg P 17
Stückenstr. R 6
Stückweg E 4
Stüfelkoppel Za 1m
Stuhlmannplatz K 9
Stuhlmannstr. K 9
Stuhlrohrstr. Zb/c 16
Stuhtsweg V 2
Stutsmoor G 7
Stuvkamp R 6
Suckweg O 11
Suckwende O 11
Süderfeldstr. M 4
Süderkirchenweg E 12/13
Süderohe V 11
Süderquaistr. P 10
Süderstr. P/S 10
Sudetendeutsche Straße
[S/V 1o
Südwestkamp X/Y 5
Suerfeld L 22
Sugrambrerweg L 1
Suhrenkamp O/P 1/2
Suhrsweg R 5
Süllbergsterrasse A 8
Süllbergstreppe A 8
Süllbergsweg A 8

Sülldorfer Brooksweg
[Ab/c 6
Sülldf. Heideweg A 6/7
Sülldf. Kirchenweg A 6/8
Sülldorfer Knick A 6
Sülldorf. Landstr. Ab/B 6
Sülldorfer Mühlenweg
[Ad 6/7
Sülldorfer Schultwiete
[Ad 5/6
Sumpfweg E 2/3
Sunder Weg K 22
Sünnenschien D 19
Sünnrosen S 4
Süntelstr. G/H 1o
Supplinburger Weg L19
Surenlandweg UW 2
Susebeksweg R 1m
Susette-Borkenstein-Str.
[J 10
Swartendamm Zd 21
Swartenhorst V 1/2
Sylter Allee M 10
Sylvesterallee G 5
Syringenweg F 2

T

Tafelberg Ac 7/8
Talweg F 18
Tangastr. X 5/6
Tangermannweg R 4
Tangstedter Landstr.
(P/Q 1i/m
Tangsteder Weg V 1e
Tankweg F/G 11
Tanneck L 22
Tannenberg F 5
Tannenhof T/U 1h
Tannenkamp X/Y 1n
Tannenkoppel O 1k
Tannenweg P 1m/n
Tannenzuschlag O/P 11
Tannhäuserweg Aa 5
Tarfenbööm O 11
Tarnowitzer Weg T 5
Tarpenbeckshöhe N 4
Tarpenbeckstr. N 4/5
Tarpenwiese N 11
Tatenberger Deich S/T
Tatingerweg K 6
Taubenstr. M 9/10
Tauernstr. M 20
Taxusweg G 10
Tegelweg U/V 2/5
Tegetthoffstr. L 7
Teilfeld N 9/10
Teißkamp R 1n
Telemannstr. L 6
Tesdorpfstr. N 8
Tettenbornstr. M/N 4
Teutonenweg R 9
Tewessteg N 4/5
Thalstr. L 9
Theerhof O 10
Thees-Bott-Weg S 1k
Theodor-Birt-Str. U 6
Theodor-Casella-Str.
[U 2/3
Theod.-Rumpel-W. Q/R4
Theodorstr. G 7/8
Theod.-Web.-Reihe T 8/9
Theresenweg D 9
Theresienstieg P 7
Thieberg L 1/2
Thielbeck N 9
Thielenstr. P 15
Thiemannstraat D 18/19
Thießenweg X 2/3

Thingsberg V 6
Thörlstr. L 19
Thormannsweg G 3
Thorner Gasse T 5
Thüringer Str. Q 10
Turmweg N 7
Thusneldastr. K 6
Tiecksweg S 7
Tiedemannstr. K 6
Tiefstackweg S/T 11
Tieloh R 5
Tienrade Zc 13
Tienradestieg Zc 13
Tiergartenstr. M/N 8
Tierparkallee K 4/5
Tietlöschenkamp S 4
Tilemannsallee M/N 20
Tilsiter Platz U 4/5
Tilsiter Str. T/U 5
Timme-Hamme-Weg
[W 1m
Timmerloh P/Q 11
Timmermannstr. O.4
Timm-Krögers-Weg P 1o
Timmweg P 1m
Tinsdaler Heideweg
[Aa/b 6/7
Tinsdaler Kirchenweg
[Aa/d 7
Tiroler Str. S/T 6
Tirpitzstr. A 7
Tischbeinstr. R 4
Todtenredder W 1e
Togokai N 11
Togoweg X/Y 5
Tollerort-Weg K 11/12
Tondernstieg S 5
Tondernstr. S 5
Tonistr. R 7
Tonndorfer Schulstr. W5
Tonndorfer Weg W/X 4/6
Tönninger Str. F 7
Tönninger Weg D 8
Töpferhof Zc 17
Töpferstieg Ad 7
Töpfertwiete Zc 16/17
Torfmoor Za 11
Torfweg F 2/3
Tornberg S 1o/1
Tornquiststr. L 7
Torstr. K 6
Tostedter Weg M 20
Tratzigerstr. U 7
Traunsallee S 8
Trautenauer Stieg T 1o
Travemünder Stieg Z 3
Treideldeich Zb/c 17/18
Tresckowallee H/J 9
Tresckowplatz J 9
Trettaustr. N 16
Tribünenweg T 8
Trift Q 1o
Trommelstr. L 10
Trommerdamm J 5
Troppauer Stieg S 1o
Trostbrücke N 9/10
Trübnerweg G 8
Trummersweg N/O 5
Trummwisch Y/Z 3/4
Tückobsmoor O 1k
Tulpenstieg P 3
Tulpenweg S 1k
Tundrenort Za 1o
Tüngelstr. P 8
Tunnelstr. P 12
Turmfalkweg J 3
Turnerstr. M 8
Tweeflunken E 11
Tweeltenbeck P 1j

Weddigenstr. A 7
Wedeler Landstr. Aa/b 6
Wedelwisch Z 1/2
Weetenkamp D 9
Weg beim Jäger N/P 1/2
Wegenkamp J 3/4
Weg Große Lohe Za 3/4
Wegkoppel X 10/11
Weg n. d. blauen Brücke
[T/U 10
Weg 4 N/O 1i/k
Weg 12 V 8
Weg 16 V 8/9
Weg 21 M 1
Weg 41 U 9
Weg 43 O 11
Weg 49 U 8/9
Weg 84 K/L 3
Weg 110 R 1o
Weg 146 M/N 2/3
Weg 173 N 3
Weg 174 N 2
Weg 179 N 1n
Weg 238 O 2
Weg 244 N/O 2
Weg 386 N 2
Weg 410 O 1k/l
Weg 414 O/P 11
Weg 472 P 1k
Weg 476 P 1k
Wegzoll U 1m/n
Wehlbrook Z 3/4
Wehmersweg L 3
Wehrdeich Za/b 16/17
Wehrmannstr. P 15
Weichselmünder Str. S 6
Weidemoor Y 13
Weidenallee M 7/8
Weidenbaumsweg Zb
[16/17
Weidendamm O 17
Weidende V 1l/m
Weidenkamp Y 1n
Weidenkoppel S 1k/l
Weidenstieg L 7
Weidestr. P/Q 6
Weidkoppel U 3/4
Weidplan G 3/4
Weidwiese Y 1m
Weiherheide N 23/24
Weinligstr. L/M 19
Weißbirkenkamp S 1k
Weißdornstieg S 1m
Weißenburger Str. S 6
Weizenkamp R 6
Welckerstr. N 9
Wellingsbütteler Heer-
[weg T/U 1n
Wellingsbütteler Land-
[straße Q/S 1o/l
Wellskamp R 1n
Wendemuthstr. T 6
Wendenstr. Q/S 9/10
Wendloher Weg N 4
Wendlohstr. K/L 1
Wendrichstr. H 3
Wensenbalken Y 1i/k
Wentorfer Str. Zc/e 16
Wentzelplatz U 1m
Wentzelstieg O 6
Wepeldoorn U 2
Werderallee N 6
Werftstr. N 11
Werner-Siemens-Str.
Werwolfweg E 19
Weseler Weg W 5
Wespenstieg Aa 4
Wesperloh E 6
Wesselblek S 1n
Wesselburener Weg D 7

Wesselstraat S 11
Westend F 8/9
Westerfelde X 1g
Westerheide L 22
Westerlandstr. V 5
Westerode O 1n
Westerstr. O/P 9
Westerweg M 11
West-Krauel-Elbdeich
[Zc/d 26
Westphalens Weg Q 9
Wetkenstr. N 10
Wetkesgarten S 9
Wetteringe Zc 16
Wetternstr. O 20
Wettloop E 20
Weusthoffstr. L/M 18/19
Wexstr. N 9
Wiben-Peter-Straat M 4
Wichelkamp S/T 4
Wicherngarten S 9
Wichernsweg S 9
Widenhuk S 4
Widukindsberg K/L 19
Wiebekingweg Zc 16
Wiebischenkamp H 2/3
Wieckstr. K 6
Wieddüp K 1/2
Wielandstr. R/S 7
Wiemannsweg T 6
Wiemerskamper Weg
[X/Y 1e/c
Wienbargstr. G 8
Wiener Str. N 20/21
Wieselstieg V/W 2
Wiesenacker E/F 2
Wiesendamm P/R 5
Wiesenhöfen Z 1m
Wiesenkamp Y 1n
Wiesenredder Za 3/4
Wiesenstieg P 5
Wiesenstr. L 6
Wiesenweg W 1n/o
Wiet B 12/13
Wietersheim G 1
Wietreie Y 11
Wiidendrift Y 2/3
Wikinger Weg Q 9
Wildbahn X 1o
Wildehovetsweg W 1m
Wildes Moor R 1i/m
Wildgansstieg Z 1o
Wildgrund J/K 1
Wildkoppel Aa 6
Wildschwanbrook Z 1o
Wilhelm-Busch-Weg
[L/M 19/20
Wilhelm-Chemnitz-Weg
[B 6/8
Wilhelm-Cordes-Weg
[Q 15
Wilhelm-Ehrlich-Str. U 3
Wilhelm-Grimm-Str. Y 4
Wilhelm-Gustloff-Str.
[U 8/10
Wilhelm-Heidkamp-
[Stieg E 9
Wilhelminenplatz N 10
Wilhelmistr. E 8
Wilhelm-Langfurth-Weg
[F 7
Wilhelm-Poeck-Str. Zb
[15
Wilhelm-Raabe-Weg
[P 1o
Wilhelmsallee A 7/8
Wilhelmsburger Platz
[P 12
Wilhelmsburger Reichs-
[str. O 13/14

Wilhelmsburger Str. P 12
Wilhelmsplatz L 9/10
Wilhelm-Weber-Str.
[M/N 18
Wilhelm-Wolf-Weg
[U 9/10
Willebrandtsweg K 10
Willers Weg P 1m/n
Willhöden A/B 7
Willistr. O 5
Willnerskamp Ab 6
Willöperstr. V 5/6
Wilmannspark A 8
Wilster Weg M/N 5/6
Wilstorfer Str. N 19/20
Wilsdorfsallee E/F 5
Wimmelsweg P 6
Wincklerstr. N 10
Windauer Knickweg X
[1/2
Windhuker Stieg X/Y 5
Windhukstr. H 9
Windloh B 6
Windmühlenweg E/F 7/8
Winkelkamp J 9
Winklersplatz L 9
Winser Reichsstr. N 20/24
Winterhuder Kai N/O 4
Winterh. Marktpl. O 4
Winterh. Weg P/Q 6/7
Winterlingstieg P 3
Winterstr. K 9
Winzeldorfer Weg N 4
Wischhöfen P 1n
Wischhofsweg H 3
Wismarer Str. P 9
Wisserstr. Zb 15
Wißmannsweg V 6
Wittekopsweg O/P 1n
Wittenbergener Weg
[Ab 6/8
Wittenbergstr. H 7
Wittenkamp R 4
Wittenmoor H/J 4/5
Witternstr. M/N 12
Wittestr. P 15
Wittheck O/P 22
Witthöftstr. T 7
Wittingstr. M/N 20
Wittkoppel K 5
Witts-Allee B 8
Witts-Park B 8
Woermannstieg Q 1
Woermannsweg Q 1
Wogenmannsburg
[H 1o/l
Wohldorfer Heerweg
[V/W 1e/f
Wohldorfer Str. R 6
Wöhlerstr. T/U 11
Wohlers-Allee L 8
Wohltorfskamp Zb/c 15
Wölckenstr. V 1m/n
Woldsenweg N 5
Woellmerstr. L 19
Wolffstr. K 6
Wolfgangsweg M 10
Wolfshagen R 8
Wolfsloh G 8
Wolgastr. M 20
Wollkämmereistr. M 14
Wölprie X 1g
Woltersstr. N 3
Woltmannstr. P 10
Wördemannsweg J 4
Wördenmoorweg O/P 1
[l/m
Wörenstieg P 11/1m
Wormser Str. H 7
Wöschenhof W/X 5

Y

Z

Verzeichnis der umbenannten Straßen

Alter Name:	Neuer Name:
A	
Abendrothsweg, Eppendorf	Abendrothstraße
Achterhof, Bramfeld	Hildeboldsweg
Achtern Hoff, Bergstedt	Hainesch
Ackermannstraße, Hohenfelde	Ackermannsweg
Ackerstraße, Harburg	zu Denickestraße
Ackerweg, Fischbeck	Ackerweg
Adebarweg, Harburg-Wilhelmsburg	(zu) Siedlersruh
Adebarweg, Rissen	Beowulfsweg
Adickesstraße, Altona, von der Bahrenfelder Chaussee bis zum Bahrenfelder Kirchenweg	Brommystraße
Adlerstraße, Altona-Altstadt	Propst-Adler-Straße
Admiral-Scheer-Straße, Blankenese	Graf-Dohna-Straße
Admiral-Scheer-Straße, Poppenbüttel	Am Heegbarg
Adolf-Hitler-Damm, Wandsbek (zus. mit Straßburger Straße, Barmbeck)	Straßburger Straße
Adolf-Hitler-Platz, Altona-Altstadt	Reichsplatz
Adolf-Hitler-Straße, Altrahlstedt	Schweriner Straße
Adolf-Hitler-Straße, Bramfeld	Fabriciusstraße
Adolf-Hitler-Straße, Farmsen/Berne (zus. mit Hauptstraße, Sasel)	Berner Heerweg
Adolf-Hitler-Straße, Harburg-Wilhelmsburg	Wilhelmsburger Reichsstraße
Adolf-Hitler-Straße, Lohbrügge	Lohbrügger Reichsstraße
Adolf-Hitler-Straße, Niendorf (zus. mit Hamburger Straße, Schnelsen)	Niendorfer Heerstraße
Adolfstraße, Altona-Altstadt	Bernstorffstraße
Adolfstraße, Altrahlstedt	Pidder-Lüng-Weg
Adolfstraße, Harburg-Eißendorf u. Heimfeld	Kallmeyerstieg
Agnesstraße, Altrahlstedt	An den Schranken
Ahornstraße, Bramfeld	Hartboomstieg
Ahornweg, Blankenese	August-Bolten-Weg
Ahornweg, Harburg-Wilhelmsburg	Kleinsand
Ahornweg, Wellingsbüttel	Krumauer Stieg
Ahrensburgerstraße, Altrahlstedt	Oldenfelder Reichsstraße
Ahrensburger Straße, Wandsbek	Wandsbeker Reichsstraße
Ahrensweg, Marmstorf	Sunderweg
Akazienallee, Harburg	Herzog-Heinrich-Straße
Albersstraße, Harburg-Wilhelmsburg	Olmützer Straße
Albertstraße, Wandsbek	Auf den Dorfstücken
Alsenstraße, Eppendorf	Poelkapellenweg
Alsterblick, Hummelsbüttel	Teißkamp
Alstertwiete, Poppenbüttel	Alsterfurth
Alsterweg, Bergstedt	Kortenland
Alsterweg, Hummelsbüttel	Hemmelswisch
Alte Landstraße, Bergstedt	Bergstedter Alte Landstraße
Alte Landstraße, Neurahlstedt	Neurahlstedter Heerweg
Alte Landstraße, Poppenbüttel (zus. mit der alten Landstraße in Hummelsbüttel und dem Nordteil der Hummelsbütteler Straße in Poppenbüttel)	Alte Landstraße
Alterdeich, Neuland	Neuländer Alterdeich
Alter Postweg, Fischbeck	Posteck
Altmannstraße, Billstedt	Geesttwiete
Altonaer Straße, Schnelsen (zus. mit Kieler Straße)	Schnelsener Reichsstraße
Amalienstraße, Altona-Altstadt	von Holtes Bleiche
Amalienstraße, Harburg-Mitte	Im Schütt
Amalienstraße, Wandsbek	Rööwkamp
Amandastraße, Wandsbek	Lomerstraße
Am Bahndamm, Fischbeck	Gleisstieg
Am Brook, Fischbeck	Hogenbrook
Am Ellernbusch, Wandsbek u. Rahlstedt	Kameruneck
Am Foßbarg, Volksdorf	Kohmannsweg
Am Foßberg, Langenhorn	Baltikumstraße
Am Fuchsberg, Farmsen	Kolkwiese
Am Fuchsberg, Harburg	Widukindsberg
Am Gehege, Eidelstedt	Am Woold
Am Gehege, Niendorf	Hollwören
Am Gehölz, Bramfeld	Sperberkamp
Am Gehölz, Neurahlstedt	Rundgang

Alter Name:	Neuer Name:
Am Grünen Damm, Neuland	Brammerhagener Damm
Am Hauptbahnhof, Altona-Altstadt	Altonaer Bahnhofsplatz
Am Hauptbahnhof, Harburg (zus. mit Grubestraße)	Harburger Reichsstraße
Am Heegen, Volksdorf	Duvenwiesen
Am Markt, Barmbeck	Barmbecker Markt
Am Markt, Bergstedt	Bergstedter Markt
Am Markt, Bergstedt, Teilstück mit Hausnummern 2—4	Alte Schmiede
Am Markt, Billstedt	Steinbeker Markt
Am Markt, Lohbrügge	Lohbrügger Markt
Am Markt, Poppenbüttel	Poppenbüttler Markt
Am Markt, Sasel	Saseler Markt
Am Mühlenfeld, Harburg-Wilstorf	Großdeutsche Straße
Am Raakmoorgraben, Langenhorn (Südseite)	Boelckestraße
Am Raakmoorgraben, Langenhorn (Nordseite)	Flughafenstraße
Am Rönk, Bramfeld, von der Talstraße bis zur Hermann-Göring-Straße	Tegelweg
vom Tegelweg bis Surenland	zu Surenland
(sog.) Am Schützenhof, Fischbeck	Schütteneck
Am Schwarzenberg, Harburg-Mitte	(zu:) Bissingstraße
Amselstraße, Altona-Altstadt	Bei der Schilleroper
Amselstraße, Harburg-Wilhelmsburg	Vagelpoll
Amselstraße, Rahlstedt (Oldenfeld)	Veerdendeel
Am Sold, Rahlstedt	Soldkampsweg
Am Spritzenhaus, Harburg-Wilstorf	Andreas-Hofer-Stieg
Am Spritzenhaus, Langenbeck	Am Feuerturm
An der Rennkoppel, Harburg-Mitte	Hauptmann-Berthold-Platz
Andreas-Hofer-Straße, Rahlstedt	zu Nordlandweg
Andreasstraße, Harburg-Wilstorf	Tauernstraße
Annastraße, Harburg-Wilhelmsburg	Ilenbuller
Anna-Wohlwill-Straße, Eimsbüttel	Felix-Dahn-Straße
Annenstraße, Altona-Altstadt	Matrosenweg
Annenstraße, St. Pauli	Klaus-Schoke-Straße
Annenstraße, Wandsbek	(zu:) Hinschenfelder Straße
Antonienstraße, Harburg-Mitte	Niederelbische Straße
Antonstraße, Borgfelde	Arturstraße
Antonstraße, Wandsbek	Nérystraße
Apenrader Straße, Bahrenfeld	Chilestraße
Apenrader Straße, Lokstedt	Klaus-Lembek-Straße
Apenrader Straße, Wandsbek	Brügwischweg
Appelbüttel-Sinstorf, Harburg	Sinstorfer Heerweg
Arndtstraße, Altona-Ottensen	Martin-Germer-Straße
Asternweg, Poppenbüttel	Weißbirkenkamp
Asternweg, Schnelsen	Uphoffweg
Auenweg, Rissen	Rüdigerau
Auenweg, Sasel	Berner Aue
Auf der Bojewiese, Abzweigung nach Westen bis Billwärder Billdeich	Beyendamm
Auf der Höhe, Sasel	Zwischen den Gärten
Augustastraße, Groß-Flottbek	Leistikowweg
Auguststraße, Billstedt	Karl-Johannsen-Damm
Auguststraße, Harburg-Mitte	Preßburger Straße

B

Bachstraße, Altona-Altstadt	Pepermölenbek
Bachstraße, Billstedt	Mainzer Straße
Bachstraße, Harburg-Wilstorf	Raimundstraße
Bachstraße, Hummelsbüttel	Grützmühle
Bachstraße, Lokstedt	Heinrich-Ferk-Straße
Bachstraße, Uhlenhorst-Barmbeck	Sebastian-Bach-Straße
Bäckerstraße, Altona-Altstadt	Altonaer Bäckerstraße
Bahnhofstieg, Poppenbüttel	Poppenbütteler Bahnhofstieg
Bahnhofstraße, Altona-Altstadt	Altonaer Bahnhofstraße
Bahnhofstraße, Billstedt	Billstedter Bahnstieg
Bahnhofstraße, Fischbeck	Fischbeker Bahnhofstraße
Bahnhofstraße, Lohbrügge	Johann-Meyer-Straße
Bahnhofstraße, Neugraben	Hausbrucher Weg
Bahnhofstraße, Poppenbüttel und Sasel	Saseler Bahnhofstraße
Bahnhofstraße, Rahlstedt	Rahlstedter Bahnhofstraße
Bahnhofstraße, Schnelsen	Landdrostenallee
Bahnhofstraße, Wandsbek	Wandsbeker Bahnhofstraße
Bahnhofsweg, Volksdorf	Kiesweg
Bahnstraße, Bergedorf	Reetwärder
Bahrenfelder Chaussee, Bahrenfeld (zus. mit Luruper Chaussee, Lurup)	Luruper Heerstraße

Alter Name:	Neuer Name:
Bankstraße, Eidelstedt	Redingskamp
Bargweg, Lemsahl	Lemsahler Bargweg
Barsbütteler Straße, Altrahlstedt	Hüllenkamp
Bartelsstraße, Harburg-Wilhelmsburg	Auf dem Brande
Baumschulenweg, Rahlstedt (Meiendorf)	Leifs Knick
Baustraße, Billstedt	Setzergasse
Baustraße, Eißendorf und Heimfeld	Karl-May-Straße
Beckampsweg, Duvenstedt	Pirolkamp
Beckmannstraße, Volksdorf	Torfmoor
Beekwisch, Niendorf	Beckstedtsweg
Beethovenstraße, Bahrenfeld	Cubastraße
Beethovenstraße, Bergedorf	Andreas-Falkenberg-Weg
Beethovenstraße, Harburg-Mitte	Siebenbürger Straße
Beethovenstraße, Rahlstedt (Meiendorf)	Steinbeilort
Behnstraße, Rotherbaum	Hermann-Behn-Weg
Bei der Friedenseiche, Bramfeld	Bramfelder Dorfplatz
Bei der Friedenseiche, Lokstedt	Behrmannplatz
Bei der Kirche, Neuenfelde	Neuenfelder Kirchdeich
Bei der Kirche, Ochsenwärder	„Bei St. Pankratii"
Beim Erlenbusch, Volksdorf	Weidwiese
Beim grünen Jäger, Sasel	Bauernvogtskoppel
Bergners Privatweg, Lohbrügge	Bergnerpfad
Bergstedter Weg, Duvenstedt	Brachvogelkamp
Bergstedter Weg, Volksdorf (zus. mit Volksdorfer Straße, Bergstedt)	Volksdorfer Heerweg
Bergstraße, Bergedorf (zus. mit Hitlerstraße)	Börnsener Straße
Bergstraße, Billstedt	Korverweg
Bergstraße, Bramfeld	Rohrammerstieg
Bergstraße, Harburg-Mitte	Schwarzenbergstraße
Bergstraße, Lokstedt	Am Zeugamt
Bergstraße, Rahlstedt (Meiendorf)	Schierhornstieg
Bergstraße, Sasel (vom Waldweg bis zum Saselbekweg)	Zur Eilswiese
Bergstraße, Sasel (von der ehemaligen Talstraße, dem jetzigen „Mergelgrund", bis an die Johann-Kröger-Straße)	Beim Riesenstein
Bergstraße, Wandsbek	Schwarzlosestraße
Berner Straße, Berne (das kurze Stück westlich der Walddörferbahn)	Zum Gutspark
Berner Straße, Wandsbek	(zu Tilsiter Straße)
Berner Weg, Bramfeld (zus. mit Bernestraße)	Pezolddamm
Teil des Berner Weges, Sasel (vom Markt in Sasel bis zur Einmündung in den Rahlstedter Weg, zus. mit Rahlstedter Weg in Sasel)	Meiendorfer Mühlenweg
Berner Weg, Sasel (nur der südöstlich vom ehemaligen Knickweg, der jetzigen Straße „Auf der Heide" belegene Teil des Berner Weges)	An der Furt
Bernestraße, Bramfeld (zus. mit Berner Weg)	Von-Elmen-Straße
Berthastraße, Lemsahl-Mellingstedt	zu Tannenhof
(sog.) Bierweg, Fischbeck	Wettloop
Billstraße, Billstedt	Am Geesthang
Billstraße, Lohbrügge	Küchlerweg
Billwärder Straße (zwischen Friedr.-Ludwig-Jahn-Str. und Hermann-Göring-Straße)	Schulkoppelweg
Binnenfeld, Marmstorf	Sagenweg
Binsenweg, Sasel	Julius-Röbke-Straße
Birkenallee, Lokstedt	Meyermannsweg
Birkenhain, Alsterdorf	Gregor-Mendel-Stieg
Birkenkamp, Wellingsbüttel	Bodenbacherweg
Birkenstieg, Fuhlsbüttel	Woermannstieg
Birkenweg, Billstedt	Mercatorweg
Birkenweg, Fischbeck	Barkendal
Birkenweg, Harburg-Wilhelmsburg	Am Dreieck
Birkenweg, Lohbrügge	Röprade
Birkenweg, Neugraben	Somannshöhe
Birkenweg, Sasel	Rehpfad
Birkenweg, Sinstorf	Speckshörn
Birkenweg, Sülldorf	zu Siebenbuchen
Bismarckstraße, Altona-Ottensen	Maybachstraße
Bismarckstraße, Altrahlstedt	Paalende
Bismarckstraße, Bergedorf	Ohlystraße
Bismarckstraße, Harburg-Wilstorf	Braunauer Straße
Bismarckstraße, Lokstedt	Wehmerweg
Bismarckstraße, Steilshop (zus. mit Eichenstr., Bramfeld)	(zu) Steilshoper Straße in Barmbeck
Bismarckstraße, Wandsbek	Karl-Peters-Weg

Alter Name:	Neuer Name:
Bleicherstraße, Wandsbek	Moojerstraße
Bleicherweg, Harburg-Mitte	Bornemannsstieg
Blücherstraße, Altona-Altstadt	Graf-Blücher-Straße
Blücherstraße, Altrahlstedt	Boomstücken
Blücherstraße, Bergedorf	Von-Anckeln-Straße
Blücherstraße, Eppendorf	Boßdorfstraße
Blücherstraße, Harburg-Wilhelmsburg	Reepschlägerweg
Blücherstraße, Poppenbüttel	Radebleek
Blücherstraße, Wandsbek	Gustav-Nachtigal-Damm
Blumenkamp, Altona-Kl.-Flottbek	Hermann-Künne-Weg
Blumenstraße, Altona-Altstadt	Billrothstraße
Blumenstraße (Meiendorf), Rahlstedt/Altrahlst.	Osebergkamp
Blütenstieg, Marmstorf	Zwergenstieg
Boberger Straße, Billstedt	Druckerstraße
Boberger Straße, Lohbrügge	Sammannreihe
Böckmannstraße, Rahlstedt (Oldenfelde)	Vahlertstieg
Böhmkenstraße, Altona-Altstadt	Bläserstraße
Boelckestraße u. Lübecker Straße, Bergedorf	Sichter
Bogenstraße, Bahrenfeld	Nicolaus-Falck-Straße
Bogenstraße, Rahlstedt (Oldenfelde)	Heinrich-von-Plauen-Straße
Bolivarstraße, Rissen	(zu) Wittenbergener Weg
(sog.) Borchersstraße, Fischbeck	Borchersstraat
Borgeschstraße, St. Georg	Soester Straße
1. Bornstraße, Altona-Ottensen	Boschstraße
2. Bornstraße, Ottensen	Bergiusstraße
Bornweg, Langenhorn	Stockflethweg
Bornweg, Niendorf	Vogt-Cordes-Damm
Boßdorfstraße, Eimsbüttel	Schellestraße
Brahmsstraße, Harburg-Mitte	Kronstädter Straße
Brahmsstraße, Othmarschen	Riostraße
Brahmsweg, Lokstedt	von-Eicken-Straße
Bramfelder Straße, Wandsbek	Bürgermeister-Steen-Straße
Bramfelder Straße, Wellingsbüttel	Reichenberger Straße
Bramfelder Weg, Steilshop	Steilshoper Teichweg
Brandesstraße, Altona-Stellingen	Jaguarstieg
Brauerstraße, Bergedorf	Chrysanderstraße
Bredenbeckstraße, Wohldorf-Ohlstedt	Bredenbeker Heerweg
Breite Straße, Hamburg-Altstadt	(zu) Spitaler Straße
Bremer Chaussee, Marmstorf	Bremer Reichsstraße
Bremer Straße, Harburg-Mitte (bis zum Beginn der Reichsstraße)	Tilemanns Allee
Bremer Straße, Harburg (südl. der Einmündung der Hohen Straße)	Bremer Reichsstraße
Brinckmannstraße, Groß-Flottbek	Leiblstieg
Brombeerweg, Altrahlstedt	Kielkoppel
Brombeerweg, Schnelsen	Kulemanns Stieg
Brombeerweg, Sülldorf	Himbeerweg
Brookstraße, Eidelstedt	Eschenbrook
Brookstraße, Harburg-Eißendorf u. Heimfeld	Eißendorfer Senke
Brookstraße, Schnelsen	Spanische Furt
Brückenstraße, Harburg-Wilhelmsburg	Neuhöfer Brückenstraße
Brückenstraße, Lokstedt	Kellerbleek
Brückenstraße, Moorfleth	Moorflether Brückenstraße
Brüderstraße, Stellingen	Karsten-Niebuhr-Weg
Brummerkatenweg, Harburg-Wilhelmsburg	An der Hövelwettern
Brunnenstraße, Bergedorf	Holtenklinker Straße
Brunnenstraße, Bramfeld	Soodweg
Brunnenstraße, Harburg	Zweite Twiete
Buchenkamp, Sasel	An der Saselbek
Buchenstraße, Wandsbek	Asmusweg
Buchenweg, Bergstedt	Ahlwisch
Buchenweg, Wellingsbüttel	Nikolsburger Weg
Buchtstraße, Wellingsbüttel	Classensweg
Bugenhagenstraße, Stellingen	Johann-Wenth-Straße
Bülowweg, Bergedorf	Glaeßweg
Bürgerstraße, Altona	Bürgerfeld
Bürgerstraße, Schnelsen	Glißmannsweg
Burgstraße, Bahrenfeld	Grawelenbarg (Wartburgstr.)
Burgstraße, Billstedt (zus. mit Mittelstraße)	Spökelbergring
Burgstraße, Sasel	Aftekergang
Burgweg, Moorburg	Moorburger Burgweg
Burgweg, Neugraben	Scharpenbargsweg
Burgweg, Poppenbüttel	Am Marienhof
Busch, Blankenese	Potosistieg
Buxtehuder Chaussee od. Fischbecker Landstraße, Fischbeck	Ritzebüttler Reichsstraße
Buxtehuder Straße, Harburg-Mitte	Buxtehuder Reichsstraße

Alter Name:	Neuer Name:
C	
Carl-Lorenzen-Straße, Billstedt	Maukestieg
Charitas-Bischoffs-Weg, Barmbeck	Elise-Lensing-Weg
Charlottenstraße, Blankenese	Avenariusstraße
Chemnitzstraße, Wandsbek (schmaler Durchgang an der Bahn, nicht befahrbar, ohne Hausnummer, und teilweise breite Fahrstr. mit Straßenbahn)	Wandsbeker Bahnhofstraße (östlich des Bahnhofs)
Chemnitzstraße, Wandsbek (schmaler Durchgang an der Bahn, nicht befahrbar, ohne Hausnummer, und teilweise breite Fahrstr. mit Straßenbahn)	An den Bahngärten (westlich des Bahnhofs)
Chrysanderstraße, Bergedorf	Peemöllerstraße
Chrysanderstraße, Eimsbüttel	Weckmannsweg
Claudiusstraße, Altona-Altstadt	Otto-Billmann-Straße
Claudiusstraße, Altrahlstedt	Veltheimstraße
Claudiusstraße, Hamm	Beltgens Garten
Claudiusweg, Niendorf	Perckentinsweg
Claus-Groth-Straße, Harburg-Wilstorf	Großdeutsche Straße
Collaustraße, Eimsbüttel	Spengelweg
Cranz-Neuenfelde, mit einem Teil Neuendeichstegel	Neuenfelder Fährdeich
D	
Dahlienweg, Billstedt	Arnold-Pitersen-Stieg
Dahlienweg, Marmstorf	Koboldwiese
Dahlienweg, Wandsbek	Schneeglöckchenweg
Dahlmannstraße, Othmarschen	Friedrich-Dahlmann-Weg
Damaschkestraße, Eidelstedt	Am Farnhornberg
Damaschkestraße, Harbg.-Eißendorf u. Heimf.	Münchhausenstieg
Damaschkestraße, Wandsbek	Kreienbarg
Danielstraße, Wandsbek	Johannes-Schmahl-Straße
Danziger Straße, Schnelsen	Vogt-Bornkast-Weg
Davidstraße, Harburg-Wilhelmsburg	Rubbertstraße
De Chapeaurougestraße, Wohldorf-Ohlstedt	Waldgraben
Dehlwisch, Wandsbek	Grolmanstraße
Deichstraße, Bergedorf	An'n Pool
Deichstraße, Harburg-Mitte	Deichhäuser Straße
Dempwolfstraße, Harburg, Teilstück nördl. Weinligstraße	Horst-Scharnagl-Stieg
Dennerstraße, Altona-Altstadt	Balthasar-Denner-Weg
Diekbargweg, Lemsahl-Mellingstedt	Diekbarg
Diekdamm, Rönneburg	Hemphöfen
Diekskamp, Rahlstedt (Meiendorf)	Wedelwisch
(sog.) Dierksweg, Fischbeck	Dierksstegel
Dierksweg, Neugraben	Dierksstegel (s. Fischbeck)
Dietrich-Eckart-Straße, Bramfeld	Ilenkruut
Dietrich-Eckart-Straße, Harburg-Wilstorf	Grazer Stieg
Dietrich-Eckart-Straße, Rahlstedt (Meiendorf)	Egilskamp
Dietrich-Eckart-Straße, Schnelsen	Rethmannsredder
Dietrich-Eckart-Straße, Wandsbek	(zur) Jüthornstraße
Dietrich-Eckart-Weg, Bergedorf	Brömsestieg
Dietrich-Eckart-Weg, Billstedt	Amrumer Knick
Dietrich-Eckart-Weg, Ottensen	Schopenhauerweg
Dietrichstraße, Wandsbek	Im Wandsetal
Dillstraße, Harvestehude	Dillweg
Distelweg, Hummelsbüttel	Dänschenhoop
Teilstück zwischen Alsterblick und Alte Landstraße	Distelkoppel
Distelweg, Osdorf	Schafgarbenkamp
Distelweg, Schnelsen	Isern-Hinnerk-Straat
Dr.-Chemnitz-Straße, Altona-Blankenese	Wilhelm-Chemnitz-Weg
Dorfstraße, Hummelsbüttel	Wellskamp
Dorfstraße, Lemsahl, Teilstück von der Berthastraße bis Diekbargsweg	Lemsahler Dorfstraße
Dorfstraße, Lemsahl-Mellingstedt (Mittelteil, von der bisherigen Berthastr. bis zum bish. Steindamm, zus. mit der bish. Berthastr. und dem bish. Steindamm)	Lemsahler Dorfstraße
Dorfstraße und Schulstraße, Lohbrügge	(zu) Binnenfeldredder
Dorfstraße, Rahlstedt	Stapelfelder Heerstraße
Dornenkamp, Hummelsbüttel	Weißdornstieg
Dorotheenstraße, Harburg-Wilstorf	Leithastraße
Dorotheenstraße, Rahlstedt (Oldenfelde)	Hans-Sammann-Weg

Alter Name:	Neuer Name:
Drift, Groß-Flottbek	Flottbeker Drift
Drift, Lemsahl	Eichelhäherkamp
(sog.) Driftstraße, Fischbeck	Schnuckendrift
Drosselstraße, Rahlstedt (Oldenfelde)	Narvastraße
Drosselweg, Bahrenfeld	Wilhelm-Langfurth-Weg
Drosselweg, Billstedt	Meridiansdamm
Drosselweg, Lohbrügge	Tienrade
Drosselweg, Niendorf	Sugambrerweg
Dünenweg, Rissen	Volkerweg
Düppelstraße, Eppendorf	Flandernstraße
I. Durchschnitt, Lohbrügge	Köhnckeweg
II. Durchschnitt, Lohbrügge	Brüdtweg
Dürerstraße, Harburg-Wilstorf	Innsbrucker Ring
Dürrstraße, Rahlstedt (Oldenfelde)	Elbinger Stieg
Duvenstedter Damm, Duvenstedt	(zu) Wohldorfer Heerweg
Duvenstedter Kirchenweg, Teil südlich vom Sahrenweg	In de Soren
mittlerer Teil westlich vom Sahrenweg und die Fortsetz. bis zur Lemsahler Chaussee	Olenreem
Duvenstedter Triftweg, Wohldorf (westlicher Teil, und zwar von der Einmündung des Mühlenredders in westl. Richt. bis z. Alster)	(zu) Wohldorfer Heerweg

E

Eckenerstraße, Rahlstedt (Oldenfelde)	Am Kroog
Eckenerstraße, Wandsbek	Dörnbergweg
Eckerkamp, Wellingsbüttel (zus. m. Kastanienweg, Feldstr. u. Waldstr. in Wellingsbüttel)	Sudetendeutsche Straße
Eckernförder Straße, St. Pauli	Simon-von-Utrecht-Straße
Eckernkamp, Rissen	Am Wülpensand
Eckhoffstraße, Lurup	Jevenstedter Straße
Eddelbüttelweg, Marmstorf	Gillhoffweg
Eduardstraße, Wandsbek	Am Wandsbeker Neumarkt
Eggersallee, Ottensen	Elmenhorst
Eggersallee, Rahlstedt (Oldenfelde)	Franz-Eggers-Kamp
Ehestorfer Heuweg, Neugraben	Ehestorfer Heerweg
Eichenallee, Harburg-Wilhelmsburg	Peter-Beenck-Straße
Eichenallee, Lokstedt	Voßstruuksweg
Eichenallee, Othmarschen	Laplatastraße
Eichenkamp, Rahlstedt (Oldenfelde)	Kniprode
Eichenstraße, Bramfeld (zus. mit d. Bismarckstraße, Steilshop)	(zu) Steilshoper Straße in Bbck.
Eichenstraße, Stellingen	Antiloperstieg
Eichenstraße, Wellingsbüttel	Rolfinckstraße
Eiderstieg, Altona-Stellingen	Nordstrander Weg
Eimsbütteler Straße, Altona-Eidelstedt	Danewerkstraße
Eiselensweg, Billw. Ausschlag	Eiselenstieg
Eißendorfer Straße, Harburg-Eißendorf und Heimfeld	Eißendorfer Weg
Elbdeich, Altenwerder	Altenwerder Elbdeich
Elbdeich, Cranz, Teilstück von der Schule südwärts	Estedeich
Elbdeich, Cranz (zus. mit Lühedeich)	Cranzer Elbdeich
Elbdeich, Neuland	Neuländer Elbdeich
Elbdeich, Wilhelmsburg	Neuländer Elbdeich
Elisenstraße, Harburg-Wilstorf	Innstraße
Ellernweg, Harburg-Wilhelmsburg	Betenbrook
Elsässer Straße, Osdorf	Gablenzstraße
Emilienstraße, Harburg-Wilhelmsburg	Schipperort
Erdkampsweg, Fuhlsbüttel und Langenhorn (v. d. Langenhorner Chaussee westwärts)	Richthofenstraße
Erikastraße, Niendorf	König-Heinrich-Weg
Erikastraße, Wandsbek	Goldlackweg
Erikastraße, Altona-Stellingen	Tatinger Weg
Erlenkamp, Rahlstedt (Oldenfelde)	Burstinstraße
Erlenstraße, Stellingen	Gerhard-Rohlfs-Weg
Ernst-Moritz-Arndt-Straße, Bramfeld	Wichelkamp
Ernststraße, Harburg-Mitte	Ernst-Eger-Straße
Ernststraße, Lokstedt	Wiben-Peter-Straat
Erste Querstraße, Bergedorf	Erste Dwarstwiete
Eschenweg, Wellingsbüttel	Karlsbader Weg
Eulenhorst, Niendorf	Kampfstätte

Alter Name:	Neuer Name:
F	
Fährdamm, Tatenberg	Tatenberger Fährdamm
Fahrenkamp, Rahlstedt	Gassenkoppel
Fahrenkrön, Bramfeld	Theodor-Casella-Straße
Fährstraße, Harburg-Wilhelmsburg	Sophie-Dorotheen-Straße
Fahrenkamp, Rahlstedt (Meiendorf)	Gassenwisch
Fahrenkamp, Wandsbek	Dornwisch
Falkenbergsweg, Fischbeck	Falkenbargsweg
Farmsener Straße, Barmbeck	Beimoorstraße
Farmsener Straße, Bramfeld	Bargacker
Farmsener Straße, Rahlstedt (Oldenfelde)	Grawertstraße
Fasanenweg, Hummelsbüttel	Wüsthoff
Fasanenweg, Niendorf	Graf-Justus-Weg
Fasanenweg, Rahlstedt (Meiendorf)	Meßrägen
Fasanenweg, Stellingen	Pinguinenweg
Fehrsstraße, Eidelstedt	Haseldorfer Weg
Fehrs Weg, Niendorf	Gottschalkweg
(sog.) Feldhoopstücken, Lokstedt	Feldhoopstücken
Feldstraße, Altona-Alststadt	Eschelsweg
Feldstraße, Altrahlstedt	Brockdorfstraße
Feldstraße, Bergedorf	Freiweide
Feldstraße, Harburg-Wilstorf	Draufeld
Feldstraße, Lohbrügge	Wilhelm-Poeck-Straße
Feldstraße, Sasel	Jägerkoppel
Feldstraße, Schnelsen	Wogenmannsburg
Feldstraße, Wandsbek	(zur) Walddörferstraße
Feldstraße, Wellingsbüttel (zus. m. Kastanienweg, Eckerkamp u. Waldstraße in Wellingsbüttel)	Sudetendeutsche Straße
Ferdinandstraße, Altona-Altstadt	(zu) Schmuckstraße
Ferdinandstraße, Billstedt	Kirchlinden
Ferdinandstraße, Rahlstedt (Oldenfelde)	Fehsenfeld
Ferdinandstraße, Wandsbek	Ferdinand-Gerling-Straße
Feuerberg, Marmstorf	Füürsteed
Fichtenweg, Blankenese	Kapitän-Hilgendorf-Weg
Fichtenweg, Poppenbüttel	Langheinstraße
Fichtestraße, Harburg-Eißendorf u. Heimfeld	Tostedter Weg
Fichtestraße, Rahlstedt (Meiendorf)	Renntierstieg
Fichteweg, Niendorf	Lewetzau-Weg
Finkenau, Rahlstedt (Oldenfelde)	Deutschordenstraße
Finkenweg, Billstedt	Georg-Braun-Stieg
Finkenweg, Harburg-Wilstorf	Alte Wildnis
Finkenweg, Niendorf	Hauptmann-Staak-Weg
Finkenweg, Sasel	Bienenkamp
Finksweg, Altenwerder	Altenwerder Finksweg
Buxtehuder Chaussee oder Fischbecker Landstraße, Fischbeck	Ritzebüttler Reichsstraße
Fischbecker Straße, Fischbeck	Fischbecker Weg
Fischmarkt, Altona-Altstadt	Altonaer Fischmarkt
Flachsberg, Niendorf	Semnonenweg
Fliederweg, Billstedt	Neddermeyerstieg
Fliederweg, Poppenbüttel	Blöömkentwiet
Fliederweg, Schnelsen	Wunderbrunnen
Fliederweg, Wandsbek	Pillauer Straße
Flurstraße, Billstedt	Öjendorfer Höhe
Flurstraße, Bramfeld	Machandelstieg
Flurstraße, Lurup Osdorf	Bi Drebargen
Flurstraße, Rahlstedt (Oldenfelde)	Pleskauer Reihe
Flurstraße, Sasel	Süder Ohe
Föhrenstraße, Harburg-Eißendorf u. Heimfeld	Herzog-Heinrich-Straße
Föhrenweg, Blankenese	Willhöden
(sog.) Forstweg, Fischbeck	Alveser Heuweg
Forstweg, Harburg-Wilhelmsburg	Goldknäbel
Forstweg, Steilshop	Steilshoper Forstweg
Fosbarg, Rönneburg	Buernholt
Fraenkelsweg, Barmbeck	Schaudinnstwiete
Franckestraße, Harburg-Wilhelmsburg	Konsul-Francke-Straße
Francoper Straße, Neugraben und Francop	Francoper Heerstraße
Francoper Straße, Neuenfelde, das Neuenfelder Teilstück	zu Vierzigstücken
Franzstraße, Harburg-Wilstorf	Am Dachstein
Freiheit, Rönneburg	Rönneburger Freiheit
Freiligrathstraße, Bergedorf	Corthumstraße
Freiligrathstraße, Blankenese	Schneckenburger Straße
Freiligrathstraße, Rahlstedt (Meiendorf)	Ruriksweg
Freiligrathstraße, Harburg-Wilhelmsburg	Bauvereinsstraße
Freytagstraße, Bahrenfeld	Wolfsloh

Alter Name:	Neuer Name:
Friedensallee, Ottensen	Spichernstraße
Friedensallee, Schnelsen	Vorn Dörp
Friedenstraße, Altona	Harpunierstraße
Friedenstraße, Eilbeck	Friedensweg
Friedenstraße, Rahlstedt (Meiendorf)	Klingenkamp
Friedensweg, Osdorf	Hochkamper Straße
Friedhofstraße, Niendorf	Am Sootbörn
Friedhofstraße, Ottensen	Am Diebsteich
Friedhofsweg, Bramfeld	Franz-Boldt-Weg
Friedhofsweg, Curslack	Grashofweg
Friedrich-Ludwig-Jahn-Straße, Harburg-Mitte	Peperstraße
Friedrich-Ludwig-Jahn-Straße, Lohbrügge	Iven-Kruse-Straße
Friedrich-Sthamer-Straße, Volksdorf	Huusbargallee
Friedrichstraße, Altona-Altstadt	Lammerskamp
Friedrichstraße, Bergedorf (vom Weidenbaumsweg bis zum Schleusengraben)	Stuhlrohrstraße
Friedrichstraße, Bergedorf (v. Schleusengraben bis Vierlandenstraße)	Holzhude
Friedrichstraße, Billstedt	Couriergang
Friedrichstraße, Harburg-Mitte	Im Schütt
Friedrichstraße, Lohbrügge	Wohltorfskamp
Friedrichstraße, Lokstedt	Vogt-Odderns-Kamp
Friedrichstraße, Rahlstedt	Hartwig-Heest-Weg
Friedrichstraße, Wandsbek	Kranichfeldstraße
Friesenweg, Othmarschen	Pernambucoweg
Fritz-Reuter-Straße, Altona-Groß-Flottbek	Barthold-Niebuhr-Straße
Fritz-Reuter-Straße, Harburg-Wilstorf	Planettastraße
Fritz-Reuter-Straße, Niendorf	Ordulfstraße
Fritz-Reuter-Weg, Bergedorf	Paalzowweg
Fuchsloch, Schnelsen	Pfenningwiese

G

Gabriel-Rießer-Straße, Eppendorf	Lichtwarkstraße
Gärstenkamp, Marmstorf	Elfenwiese
Garstedter Weg, Langenhorn	In de Tarpen
Garstedter Weg, Niendorf	Kaiser-Otto-Straße
Gartenstraße, Eidelstedt	Horneckswisch
Gartenstraße, Harburg-Mitte	Helmsstraße
Gartenweg, Blankenese	Am Abhang
(sog.) Gartenweg, Fischbeck	Bi de Falkenbek
Gartenweg, Wandsbek	Somalikamp
Gärtnerstraße, Bergedorf	Dietrich-Wilhelm-Soltau-Str.
Gärtnerstraße, Schnelsen	Königskinderweg
Gärtnerstraße, Wandsbek	(zu) Jüthornstraße
Gastkamp, Rahlstedt, südl. vom Diekweg an	zu Wedelwisch
Gehrkensweg, Harburg-Wilhelmsburg	Wilhelm-Cordes-Weg
Geibelstraße, Altona-Altstadt	Graf-Bose-Straße
Geibelstraße, Wandsbek	Seydecksreihe
General-Litzmann-Straße, Bergedorf	Johann-Smyt-Straße
General-Litzmann-Straße, Horn	Wilhelm-Gustloff-Straße
Georgsplatz, Wandsbek	Seitzplatz
Georgstraße, Altona-Altstadt	Mumsenstraße
Georgstraße, Harburg-Wilstorf	Semmeringstraße
Georgstraße, Wandsbek	Seitzstraße
Gerstenkamp, Sasel	Heckkoppel
Gertigstraße, Winterhude	Friedrich-Siemer-Straße
Glashüttenstraße, Othmarschen	(zu) Bahrenfelder Kirchenweg
Glashüttenweg, Duvenstedt	Hoopwiesen
Glashütter Straße, Hummelsbüttel	Glashütter Heerweg
Glashütter Straße, Poppenbüttel	Harksheider Straße
Glashütter Weg, Lemsahl	Eichelhäherkamp
Glindweg, Winterhude	Adalbert-Stifter-Weg
Gneisenaustraße, Harburg-Wilhelmsburg	Wülfkenweg
Gneisenaustraße, Poppenbüttel	Baben Schierenkamp
Gneisenaustraße, Wandsbek	Marshoop
Godeffroystraße, Eppendorf	Arnold-Heise-Straße
Godeffroystraße, Blankenese (Teil zwischen Elbchaussee und Mühlenberg)	Friedrich-Gätjens-Straße
Goebenstraße, Eppendorf und Eimsbüttel	Von-der-Goltz-Straße
Goebenstraße, Wandsbek	Fenglerstraße
Goethestraße, Bergedorf	Daniel-Hinsche-Straße
Goethestraße, Harburg-Wilhelmsburg	Eckermannstraße
Goethestraße, Rahlstedt (Meiendorf)	Haraldskamp
Goethestraße, Uhlenhorst	Grillparzerstraße
Goethestraße, Wandsbek	Wandsbeker Marktstraße

Alter Name:	Neuer Name:
Gorch-Fock-Straße, Bergedorf	Johann-Philipp-Palm-Straße
Gorch-Fock-Straße, Blankenese	Hein-Kröger-Weg
Gorch-Fock-Straße, Bramfeld	Stroblomenpadd
Gorch-Fock-Straße, Harburg-Wilstorf	Marchfeld
Gorch-Fock-Straße, Rahlstedt (Oldenfelde)	Hermann-von-Salza-Weg
Gorch-Fock-Weg, Niendorf	Ebersteinweg
Goßlerstraße, Eppendorf	Wilsterweg
Goßlerstraße, Wandsbek	Kielmannseggstraße
Grabenstraße, Bergedorf	Grabendamm
(sog.) Grabenstraße, Fischbeck	Bi'n Graven
Graf-Spee-Straße, Poppenbüttel	Baggesenstieg
Graf-Spee-Straße, Wandsbek	Wachtmeisterweg
Grashof, Niendorf	Herzog-Bruno-Weg
Grasweg, Bergedorf	Grasredder
Grasweg, Billstedt	Hufnageleck
Grasweg, Volksdorf	Ohlendorffs Tannen
Gravensteiner Straße, Lokstedt	Korveistraße
Grenzstieg Bahrenfeld	Veit-Stoß-Weg
Grenzstraße, Meiendorf	Krögergang
Grenzstraße, Stellingen und Eimsbüttel	(zu) Eidelstedter Weg, Eimsb.
Grenzstraße, Wellingsbüttel	(zu) Borstelsende, Kl.-Borstel
Grenzweg, Bergstedt (mit dem bereits im Straßenbenennungsplan für Volksdorf vorkommenden Weg dieses Namens identisch)	Volksdorfer Grenzweg
Grenzweg, Bramfeld	Malvenstieg
Grenzweg, Harburg-Eißendorf u. Heimfeld	Am Rabenstein
Grenzweg, Hummelsbüttel	Heimkehr
Grenzweg, Marmstorf	Am Rabenstein (s. Harburg)
Grenzweg, Poppenbüttel	Weidende
Grenzweg, Sasel	Weidende
Grenzweg, Volksdorf	Volksdorfer Grenzweg
Grodmoor, Bramfeld	Grootmoor
(sog.) Grohmannstraße, Fischbeck	Scharlbarg
Gr. Bergstraße, Altona-Altstadt	Altonaer Bergstraße
Gr. Brauerstraße, Altona-Altstadt	Bierstraße
Gr. Brunnenstraße, Ottensen	Benzstraße
Gr. Elbstraße, Altona-Altstadt	Altonaer Elbstraße
Gr. Fischerstraße, Altona-Altstadt	Altonaer Fischerstraße
Gr. Gärtnerstraße, Altona	Von-Thaden-Straße
Gr. Johannisstraße, Altona	Joachim-von-Lohe-Straße
Gr. Karlstraße, Ottensen	Zeißstraße
Gr. Mühlenstraße, Altona-Altstadt	Altonaer Mühlenstraße
Gr. Rabenstraße, Ottensen	Bürgermeister-Bleicken-Straße
Gr. Roosenstraße, Altona-Altstadt	Paul-Roosen-Straße
Gr. Schmiedestraße, Altona-Altstadt	Altonaer Schmiedestraße
Gr. Straße und Sachsenstraße, Bergedorf	Sachsentor
Große Straße, Harburg-Eißendorf u. Heimfeld	Im Eißendorfer Grunde
Gr. Theaterstraße, Neustadt	Reinhard-Keiser-Straße
Gr. Westerstraße, Altona-Altstadt	Altonaer Westerstraße
Grubes Allee, Altrahlstedt	Dierk-Blome-Weg
Grubestraße, Harburg (zus: m. Am Hauptbhf.)	Harburger Reichsstraße
Grüner Deich, Harburg-Wilhelmsburg	Im Pollhorn
Grüner Weg, Bergedorf	Grüner Redder
Grüner Weg, Blankenese	Am Waseberg
Grüner Weg, Sinstorf	Weiherheide
Grünstraße, Bramfeld	Quittenweg
Guntherstraße, Rissen	Gernotstraße
Gurlittstraße, Othmarschen	Farfkamp
Gustav-Falke-Straße, Altona-Gr.-Flottbek	Stinnratskamp
Gustav-Frenssen-Straße, Altrahlstedt	(zu) Am Schützenhof
Gustavstraße, Altona	Christian-Andresen-Straße
Gutenbergstraße, Altrahlstedt	Parazelsusstraße

H

Habichtstraße, Lohbrügge	Tienradestieg
Haderslebener Straße, Bahrenfeld	Valdiviastraße
Haderslebener Straße, Lokstedt	Von-Ehrenschild-Straße
Händelstraße, Bahrenfeld	Guatemalastraße
Händelstraße, Rahlstedt (Meiendorf)	Wildschwanbrook
Hafenstraße, Altona-Altstadt	Karsten-Rehder-Straße
Hafenstraße, St. Pauli	St.-Pauli-Hafenstraße
1. Hafenstraße, Harburg	Galalithstraße
2. Hafenstraße, Harburg	Gummistraße
3. Hafenstraße, Harburg	Ölstraße
Haferkamp, Sasel	Timme-Hamme-Weg

Alter Name:	Neuer Name:
Haferkamp, Schnelsen	Brummerskamp
Haidkamp, Othmarschen	Rosariostraße
Haidkoppel, Bramfeld	Ulenacker
Hainholz, Niendorf	Hainholzredder
Hainkamp, Bramfeld	Hirsekamp
Hallerplatz, Harvestehude	zu Grindelhof
Hallerstraße, Harvestehude	Ostmarkstraße
Hamburger Grenze, Billstedt	Scheubner-Richter-Straße
Hamburger Straße, Altona	Walfängerstraße
Hamburger Straße, Bergstedt (zus. mit der Lübecker Straße)	Bergstedter Heerstraße
Hamburger Straße, Billstedt (bis Mühlenweg)	Billstedter Reichsstraße
Hamburger Straße, Billstedt (Teil v. Mühlenweg bis Grenze Billstedt/Lohbrügge)	Steinbeker Reichsstraße
Hamburger Straße, Bramfeld (zus. mit Lübecker Straße)	Bramfelder Heerstraße
Hamburger Straße, Harburg	Herzog-Otto-Straße
Hamburger Straße, Hummelsbüttel	Hummelsbüttler Heerweg
Hamburger Straße, Rahlstedt (Oldenfelde)	Marienwerder Weg
Hamburger Straße, Schnelsen (zus. m. Adolf-Hitler-Straße, Niendorf)	Niendorfer Heerstraße
Hamburger Straße, Wandsbek	(zur) Wandsbeker Chaussee
Hamburger Straße, Wellingsbüttel (zus. mit Poppenbütteler Straße)	Wellingsbüttler Heerweg
Hansastraße, Bergedorf	Gräpelweg
Hansastraße, Stellingen	zu Langenfelder Damm
Hans-Schemm-Straße, Schnelsen	Segenheckskamp
Hardenstraße, Billw. Ausschlag	Hardendamm
Harmsstraße, Neugraben	Emmermannskamp
Hartwig-Hesse-Straße, St. Georg	Wismarer Straße
Haselbusch, Wellingsbüttel (zus. mit Rotdornweg)	Leitmeritzstieg
Hasencleverstraße, Horn	zu Paul-Keßler-Straße
Hauffstraße, Altona-Altstadt	Marggrafstraße
Hauptstraße, Niendorf	Thieberg
Südteil der Hauptstraße, Poppenbüttel (von der Einmündung der jetzigen Schleusentwiete in südl. Richtung bis zur Wellingsbütteler Straße und zus. mit d. Wellingsbütteler Straße in Poppenbüttel)	Schleusenheerweg
Nordteil der Hauptstraße, Poppenbüttel (von der Einmündung der Schleusentwiete in nördl. Richtung bis zur Straße Treudelberg in Poppenbüttel)	Poppenbüttler Heerstraße
Hauptstraße, Sasel	(zu) Farmsener Landstraße, Volksdorf
Hauptstraße, Wandsbek (zus. mit Tonndorfer Straße, Rahlstedt)	Tonndorfer Weg
Havighorster Damm, Billstedt	Steinbeker Grenzdamm
Haydnstraße, Harburg-Mitte	Klausenburger Weg
Haynstraße, Eppendorf	Senator-Hayn-Straße
Hebbelstraße, Rahlstedt (Altrahlstedt)	(zu) Liliencronstraße
Hebbelstraße, Harburg-Wilhelmsburg	Hermann-Allmers-Straße
Hebbelweg, Niendorf	Von-Oertzen-Straße
Heckenweg, Bergedorf	Kiehnshecken
Heckenweg, Osdorf	Glückstädter Weg
Heckenweg, Poppenbüttel	Ulenspegelgang
Heckschersweg, Hamburg-Hamm	Alemannenweg
Heerweg, Bergedorf	Curslacker Heerweg
Heerweg, Curslack	Curslacker Heerweg
Hegen, Wohldorf-Ohlstedt	Hindhegen
Heidberg, Billstedt	Borchardsheide
Heidbarg, Osdorf	Wesselburener Weg
Heidekoppel, Farmsen	Am Hornstück
(sog.) Heideweg, Fischbeck	Lüttmattensteed
Heideweg, Marmstorf	Hülsenstieg
Heideweg, Altrahlstedt	In de grote Heid
Heideweg, Sasel	Schiern Eken
Heideweg, Schnelsen	Pugholm
Heideweg, Wellingsbüttel	Egerländer Weg
Heidhörn, Rissen	Horandstieg
Heidhörn, Schnelsen	Herzog-Alf-Weg
Heidkamp, Lohbrügge	Richard-Linde-Weg
Heidkamp (Haidkamp), Poppenbüttel	Kramer-Kray-Weg
Heidkamp, Rahlstedt (Meiendorf)	Gotländische Reihe
Heidkoppel, Rahlstedt-Meiendorf (zus. mit Mörikestraße)	Olafsfahrt
Heidweg, Bramfeld	Kliewenstück

Alter Name:	Neuer Name:
Heimfelder Straße, Langenhorn	Willersweg
Heimstättenweg, Marmstorf	Immergröön
Heimstättenweg, Sinstorf	Doppelweg (es sind 2 Wege)
Heimstättenweg, Volksdorf	Alter Wildpfahl
Heimweg, Harburg-Eißendorf u. Heimfeld	Wilhelm-Busch-Weg
Heinestraße, St. Pauli	Hamburger Berg
Heinrichstraße, Bergedorf	Klosterhagen
Heinrichstraße, Billstedt	Hertelstieg
Heinrichstraße, Bramfeld	Remstedtsweg
Heinrichstraße, Lohbrügge	zu Billwärder Straße
Heinrichstraße, Schnelsen	Mettenwarf
Heinrichstraße, Wandsbek	Gladowstraße
Heinrichstraße, Harburg-Wilhelmsburg	Schlinckstraße
Helenenstraße, Lokstedt	Lütt Süderfeld
Helma-Steinbach-Weg, Horn	Oskar-Körner-Weg
Helmsstraße, Harburg-Mitte	Hauptmann-Berthold-Platz
Hempberg, Marmstorf	Över de Beke
Henriettenstraße, Harburg-Wilhelmsburg	Ilenbrook
Henry-Budge-Straße, Winterhude	Schlieffenstraße
Herbert-Norkus-Straße, Bergedorf	Wetteringe
Herderstraße, Altona-Altstadt	Einunddreißigerstraße
Herderstraße, Wandsbek	Schwadronsweg
Hermann-Allmers-Straße, Harburg-Wilstorf	Burgenländer Weg
Hermann-Göring-Straße, Bramfeld	Mützendorpsteed
Hermann-Göring-Straße, Farmsen	Tegelweg
Hermann-Göring-Straße, Lohbrügge (zus. mit Holstenstraße, Bergedorf)	Alte Holstenstraße
Hermann-Löns-Alle, Bramfeld	Dammshof
Hermann-Löns-Straße, Blankenese	Jochen-Fink-Weg
Hermann-Löns-Straße, Altrahlstedt	Otto-Kittel-Weg
Hermann-Lösn-Weg, Niendorf	Kopischweg
Hermann-Löns-Weg, Sasel	Wildbahn
Hermannstraße, Bergedorf	Unterm Heilbrunnen
Hermannstraße, Bramfeld	Tietlöschenkamp
Hermannstraße, Harburg-Mitte	Holsts Garten
Hermannstraße, Lohbrügge	Dethlefstwiete
Hermannstraße, Altrahlstedt	Trummwisch
Hermannstraße, Schnelsen	Jungborn
Hermannstraße, Wandsbek	Alte Brauerei
Herrenweide, Harburg-Wilhelmsburg	Butenweid
Herrlichkeit, Altrahlstedt	Depenbrook
Herzog-Widukind-Straße, Wellingsbüttel	Kasper-Ohm-Weg
Hesterstraße, Lokstedt	Kollauer Heerstraße
Heuberg, Harburg-Eißendorf u. Heimfeld	Steile Gasse
Heuberg, Ottensen	Kalkbrennerei
Heuweg, Fischbeck	Fischbecker Heuweg
Hindenburgallee, Wandsbek	Artilleriestraße
Hindenburgstraße, Horst-Wessel-Straße und Jungfernstieg, Bergedorf	Justus-Brinckmann-Straße
Hindenburgstraße, Lohbrügge (von der Lohbrügger Reichsstraße bis zur Knickung)	Riehlstraße
Hindenburgstraße, Harburg-Wilhelmsburg	Georg-Wilhelm-Straße
Hindenburgstraße, Lohbrügge (von der Knickung bis zur Straße Hoeperfeld)	Höperfeld
Hindenburgstraße, Lokstedt	Lokstedter Heerstraße
Hindenburgstraße, Nienstedten	Von-Seeckt-Straße
Hindenburgweg, Rahlstedt (Oldenfelde)	Moränenweg
Hinrichsenstraße, Barmbeck	Brucknerstraße
Hinschenfelder Straße, Barmbeck	Stapelholmer Straße
Hinschweg, Steilshop	Koppenried
Hinterdeich, Moorburg	Moorburger Hinterdeich
Hinterdeich, Neuenfelde	Neuenfelder Hinterdeich
Hinterdeich, Reitbrook	Reitbrooker Hinterdeich
Hinterdeichstraße, Francop	Francoper Heerstraße
Hitlerstraße, Bergedorf (zus. m. Bergstraße)	Börnsener Straße
Hittfelder Straße, Sinstorf	Hittfelder Heerstraße
Hitzenbergen, Marmstorf	Hülsenbargen
Hochallee, Bergedorf	Am Pfingstberg
Hochallee, Lokstedt	Sottorfallee
Hochstraße, Altona-Altstadt	(zu) Hamburger Hochstraße
Hochstraße, Billstedt	Barckhusendamm
Hochstraße Schnelsen	Vogt-Eimers-Kamp
Hochstraße, Wandsbek	Bovestieg
Hofstraße, Wandsbek	Hikeberg
Hohenhorst, Wandsbek	Farmertrift
Hohenzollernring, Ottensen, vom Bahrenfelder Steindamm bis Tonderner Straße	Leverkusenstraße
Hohestraße, Bramfeld	Giffeysweg

Alter Name:	Neuer Name:
Hohe Straße, Harburg	Bremer Reichsstraße
Hohestraße, Rahlstedt	Warägerfahrt
Hohe Weide, Altrahlstedt	Infanteriestraße
Hohler Weg, Bergedorf	Am Doktorberg
Hohlweg, Harburg-Mitte	Weusthoffstraße
Hohlweg, Othmarschen	Övelgönner Hohlweg
Holländische Reihe, Ottensen	Niederländische Straße
Holstenstraße, Bergedorf (zus. mit Hermann-Göring-Straße, Lohbrügge)	Alte Holstenstraße
Holstenstraße, Eilbeck	Wandsbeker Mühlenstraße
Holstenstraße, Wandsbek (zus. mit Mühlenstraße)	Wandsbeker Mühlenstraße
Holunderweg, Hummelsbüttel	Sedelmannsbusch
Holunderweg, Schnelsen	Lütten Redder
Holzenweg, Fischbeck	Fischbecker Holtweg
Höpenstraße, Harburg-Wilstorf	Belgradstraße
Hopfenhof, Wandsbek	(zu) Zweite Eckerkoppel (Farmsen)
Hörmannstraße, Ottensen	Albrecht-Roscher-Straße
Horner Straße, Wandsbek	Grenzknick
Horst-Wessel-Allee, Bahrenfeld	Rembrandtstraße
Horst-Wessel-Allee, Lokstedt	Maikowskyallee
Horst-Wessel-Platz, Bramfeld	Helene-Winkler-Platz
Horst-Wessel-Straße, Hindenburgstraße und Jungfernstieg, Bergedorf	Justus-Brinckmann-Straße
Horst-Wessel-Straße, Berne	Karlshöher Weg
Horst-Wessel-Straße, Billstedt	Julius-Campe-Berg
Horst-Wessel-Straße, Bramfeld	Helene-Winkler-Straße
Horst-Wessel-Straße, Lohbrügge	Stormarnhöhe
Horst-Wessel-Straße, Rahlstedt (Oldenfelde)	Hermann-Balk-Straße
Horst-Wessel-Straße, Wandsbek	Schädlerstraße
Hospitalstraße, Lokstedt	Vogt-Münster-Straße
Hübbesweg, Wellingsbüttel	(zu) Langwisch, Wellingsbüttel und Poppenbüttel
Hufnerstraße, Oldenfelde	Ole Feldweg
Hühnerkamp, Niendorf	Paßborghöhe
Humboldtstraße, Altona-Altstadt	Jobst-Hermann-Straße
Hummelsbüttel, Nienstedten	Admiral-Reuter-Straße
Hummelsbüttler Straße, Poppenbüttel (nördl. der Alten Landstraße)	Alte Landstraße
Hummelsbüttler Straße, Poppenbüttel (westl. der Alten Landstraße, als Verlängerung d. schon in Hummelsbüttel bestehenden Weges dieses Namens)	Poppenbüttler Weg

I

Ifflandstraße, Neurahlstedt	Bordesholmer Straße
Igelweg, Schnelsen	(zu) Dachsberg
Ihlandstraße, Ohlsdorf	Ihlandkoppel
Im alten Dorf, Neurahlstedt	Neurahlstedter Dorfplatz
Im Busch, Bergstedt (v. 1938 neu benannten Rodenbekredder nördl. bis zur Bredenbek)	Krampstieg
Im Busch, Bergstedt (v. Rodenbecker Quellental bis zur bish. Wohldorfer Straße, dem jetzigen Ohlstedter Heerweg in Bergstedt)	Rodenbekredder
Im Busch, Harburg-Wilhelmsburg	Dröge Elv
Im Dorf, Sülldorf	(zu) Sülldorfer Kirchenweg
Im Dornbusch, Schnelsen	Hans-Adolf-Weg
Im Ellernbusch, Duvenstedt (zus. mit Johannesstraße)	Wragekamp
Im Gehölz, Niendorf	Niendorfer Gehege
Im Grunde, Sasel	Schiern Eken
Im Haselbusch, Schnelsen	Goldmariekenpadd
Im Kamp, Volksdorf	Schoolmesterkamp
Immelmannstraße, Bergedorf	Auf der Bult
Immelmannstraße, Poppenbüttel	Valentinerkamp
Immenhof, Rissen	(zu) Rissener Busch
Immental, Fischbeck	Moisburger Weg
Im Winkel, Bahrenfeld	Adam-Kraft-Weg
In de Grund, Volksdorf	Dorfwinkel
In der Ohe, Hummelsbüttel und Fuhlsbüttel	Boysenkamp
Inselweg, Stellingen	Volksparkstieg
Isebekstraße, Ottensen	Bornhövedstraße

Alter Name:	Neuer Name:
J	
Jacobstraße, Schnelsen	Graf-Otto-Weg
Jägerstraße, Harburg-Wilstorf	General-Jäger-Straße
Jägerstraße, Niendorf	Eresburg
Jägerstraße, Ottensen	Stahltwiete
Jägerstraße, Rahlstedt (Meiendorf)	Göttrikstraße
Jägerstraße, Wandsbek	Tratzigerstraße
Jägerweg, Marmstorf	Slötelbloom
Jahnstraße, Billstedt	Arndesstieg
Jahnstraße, Gr. Borstel	Merckelweg
Jahnstraße, Lokstedt	Amtmann-Stapel-Straße
Jahnstraße, Wandsbek	Heinrich-Kneese-Straße
Jahnstraße, Wellingsbüttel	Komotaustieg
Jahnweg, Bergedorf	Hans-Frese-Weg
Jahrsmoorweg, Eidelstedt	Im Jaarsmoor
Jacobstraße, Altona-Altstadt	Daniel-Saß-Straße
Jenfelder Straße, Billstedt	Mattkamp
Jenfelder Straße, Horn	Manshardtstraße
Jenischstraße, St. Georg	Vandalenstraße
Johannesstraße, Altrahlstedt	Hein-Hinsch-Gang
Johannesstraße, Harburg-Wilhelmsburg	Hövelbraak
Johann-Hinrich-Fehrs-Straße, Wellingsbüttel und Poppenbüttel	Dietrich-Speckmann-Straße
Johannisstraße, Wandsbek	Ulanenstraße
(sog.) Johannesstraße, Duvenstedt (zus. mit Im Ellernbusch)	Wragekamp
(sog.) Johannisweg, Fischbeck	Ulenflucht
Johann-Sebastian-Bach-Straße, Bramfeld	Krusemint
John-Brinckmann-Straße, Harburg-Wilstorf	Vorarlbergstraße
Joseph-Klant-Straße, Schnelsen	Vogt-Kock-Weg
Juliusstraße, Harburg-Wilstorf	Karawankenstraße
Juliusstraße, Wandsbek	(zu) Heinrich-Kneese-Straße
Juliusweg, Barmbeck	Kraepelinweg
Jungfernstieg, Horst-Wessel-Straße und Hindenburgstraße, Bergedorf	Justus-Brinckmann-Straße
Jungfernstieg, Altrahlstedt	Stellaustieg
Jungfernstieg, Schnelsen	Burgwedel
Jungmannstraße, Eilbeck	Ruckteschellweg
K	
Kaiser-Friedrich-Straße, Neurahlstedt	Travemünder Stieg
Kaiser-Friedrich-Straße, Steilshop (zus. mit d. auf Bramfelder Gebiet verlaufenden Teil dieser Straße)	Richeystraße
Kaiser-Friedrich-Straße, Stellingen	Karl-Hagenbeck-Straße
Kaiser-Wilhelm-Straße, Neurahlstedt	Eutiner Straße
Kaiser-Wilhelm-Straße, Nienstedten	Admiral-Hipper-Straße
Kamerunweg, Ottensen	Anton-Goldbach-Weg
Kampstraße, Billstedt	Oberschleems
Kampstraße, Lohbrügge	Harderskamp
Kampstraße, Lokstedt (zus. mit Lokstedter Weg, Stellingen)	Gazellenkamp
Kampstraße, Rahlstedt (Oldenfelde)	Marienburger Kamp
Kampstraße, St. Pauli	Am Schlachthof
Kampstraße, Wandsbek	Dalmerskamp
Kampstraße, Wellingsbüttel	Bei der Lutherkirche
Kampsweg, Bergstedt	Immenhorstweg
Kampsweg, Rahlstedt (Meiendorf)	Nydamer Weg
Kanalstraße, Harburg-Wilhelmsburg	Hartigenhoff
Kantstraße, Harburg-Eißendorf u. Heimfeld	Scheeßeler Weg
Kantstraße, Rahlstedt (Meiendorf)	Feuersteinort
Kapellenstraße, Billstedt	Karl-Lorenzen-Straße
Kapellenstraße, Lohbrügge	Ahnenweg
Kapellenweg, Harburg-Wilstorf	Deutsche Einheit
(sog.) Karl-Radke-Weg, Lokstedt	Karl-Radke-Weg
Karlstraße, Altrahlstedt	Hertighausenweg
Karlstraße, Billstedt	Frobeniusweg
Karlstraße, Harburg-Mitte	Iglauer Straße
Karlstraße, Lohbrügge	(zu) Hofweide
Karlstraße, Lokstedt	Graf-Gert-Straße
Karlstraße, Wandsbek	Bovestraße
Karolinenstraße, Altona-Altstadt	Bökeplanterstraße
Karolinenstraße, Bergedorf	Möllerskamp
Karolinenstraße, Wandsbek	Wiemannsweg
Kasernenstraße, Harburg-Mitte	Hagenberg

Alter Name:	Neuer Name:
Kasernenstraße, Wandsbek	Kiekenkathen
Kastanienallee, Hummelsbüttel	Susebeksweg
Kastanienallee, Oldenfelde	Wiidendrift
Kastanienstraße, Bramfeld	Wallnöötstieg
Kastanienweg, Bergstedt	Bocksfart
Kastanienweg, Blankenese	Kapitän-Dreyer-Weg
Kastanienweg, Sülldorf	Kapitän-Dreyer-Weg (Blankenese)
Kastanienweg, Wellingsbüttel (zus. mit Eckerkamp, Feldstraße und Waldstraße)	Sudetendeutsche Straße
Katharinenstraße, Altona-Altstadt	Luchtweg
Katzenstieg, Eilbeck	Auenstieg
Katzenstieg, Ottensen	Woyrschweg
Katzenstieg, Altrahlstedt	Altrahlstedter Stieg
Kehrwieder, Bahrenfeld	Kord-Evers-Straße
Kehrwieder, Bramfeld	(zu) Höhnkoppel
Kehrwieder, Finkenwärder	An't Braak
Kehrwieder, Lokstedt	Hartsprung
Kehrwieder, Harburg-Wilhelmsburg	Hckenstraße
Kentzlersweg, Hamm	Kentzlersdamm
Kiebitzmoor, Lurup	Franzosenkoppel
Kiebitzweg, Niendorf	Geroweg
Kiebitzweg, Sasel	Brodkoppel
Kiefernstraße, Harburg-Eißendorf u. Heimfeld	Ludolfingerstraße
Kiefernweg, Sülldorf	Forsteck
Kiekut, Billstedt	Kiek in't Moor
Kieler Straße, Schnelsen (zus. m. Alton. Str.)	Schnelsener Reichsstraße
Kieler Straße, St. Pauli	Störtebekerstraße
Kirchdeich, Moorburg	Moorburger Kirchdeich
Kirchenallee, Wandsbek	Salsborchallee
Kirchenallee, Harburg-Wilhelmsburg	Otto-Grote-Straße
Kirchendeich, Ochsenwärder	Ochsenwärder Kirchendeich
Kirchensteg, Billwärder	Billwärder Kirchensteg
Kirchenstieg, Neuenfelde	Arp-Snitger-Stieg
Kirchenstieg, Neurahlstedt	Neurahlstedter Kirchenstieg
Kirchenstieg, Rahlstedt	zu Altrahlstedter Redder
Kirchenstraße, Bergstedt	Bergstedter Kirchenstraße
Kirchenstraße, Hamburg-Neustadt	Neustädter Kirchentwiete
Kirchenstraße, Altrahlstedt	Rahlstedter Kirchenstraße
Kirchenweg, Altengamme	Altengammer Kirchenweg
Kirchenweg, Billstedt	Kreuzkirchenstieg
Kirchenweg, Finkenwärder	Norderkirchenweg
Kirchenweg, Finkenwerder	Süderkirchenweg
Kirchenweg, Moorfleth	Moorflether Kirchenweg
Kirchenweg, Niendorf	Niendorfer Kirchenweg
Kirchenweg, Rahlstedt	Windhuker Stieg
Kirchstraße, Lohbrügge	Lohbrügger Kirchstraße
Kirchweg, Rönneburg	Rönneburger Kirchweg
Kirschenkamp, Wellingsbüttel	(zu) Hoheneichen
Kirschenstraße, Bramfeld (zus. mit Lindenstr.)	Kaßbeerntwiet
Klaus-Groth-Straße, Altona-Gr.-Flottbek (Westteil zw. Sohrhof u. Fritz-Reuter-Str.)	Schoenaich-Carolath-Straße
Klaus-Groth-Straße, Bergedorf	Sellschopstieg
Klaus-Groth-Straße, Gr.-Flottbek (Ostteil, zus. m. Ulmenstraße), Gr.-Flottbek u. Bahrenfeld	Georg-Waitz-Straße
Klaus-Groth-Weg, Niendorf	Hildesheimer Weg
Klaus-Groth-Weg, Altrahlstedt	Pellwormgang
Kleekamp, Niendorf	Graf-Anton-Weg
Kleekamp, Wellingsbüttel	Joachimsthaler Weg
Kleine Bergstraße, Altona-Altstadt	Bachmaierweg
Kl. Brauerstraße, Altona-Altstadt	Matthiessensweg
Kl. Brunnenstraße, Ottensen	Benzweg
Kl. Elbstraße, Altona-Altstadt	(zu) Schlachterbuden
Kl. Feldstraße, Harburg-Wilstorf	Murgasse
Kl. Fischerstraße, Altona-Altstadt	Buttstraße
Kl. Johannisstraße, Altona-Altstadt	Stemannsweg
Kl. Karlstraße, Ottensen	Zeißtwiete
Kl. Moortwiete, Ottensen	Daimlertwiete
Kl. Mühlenstraße, Altona-Altstadt	Struenseestraße
Kl. Rabenstraße, Ottensen	Stangestraße
Kl. Roosenstraße, Altona-Altstadt	Quinsweg
Kl. Schmiedestraße, Altona-Altstadt	(zu) Altonaer Schmiedestraße
Kleine Straße, Fischbeck (zus. mit sog. Margarethenstraße)	Üm de Eck
Kleine Straße, Harburg-Eißendorf u. Heimfeld	Lüttstraat
Kleine Straße, Neuenfelde	Nincoperoort
Kl. Theaterstraße, Neustadt	Gerhard-Schott-Straße
Kl. Westerstraße, Altona	Lawaetzweg

Alter Name:	Neuer Name:
Kleiststraße, Eilbeck	Overbodenweg
Klopstockstraße, Altrahlstedt	Beidenfleetweg
Klopstockstraße, Wandsbek	Friedrich-Behn-Straße
Klopstockstraße, Rotherbaum	Langemarkstraße
Klopstockstraße—Fontenay, Rotherbaum	Langemarkweg
Kluckstraße, Wandsbek	Askaristieg
Knicksweg, Sülldorf	Sülldorfer Knick
Knickweg, Bergedorf	Vinhagenweg
Knickweg, Bramfeld	Klockenheid
Knickweg, Sasel	Auf der Heide
Knickweg, Schnelsen	Jäger-Arendt-Weg
Knickweg, Wellingsbüttel	Zwittauer Weg
Knochenhauerstraße, Altstadt	Knochenhauertwiete
Kochstraße, Harburg-Wilhelmsburg	Walter-Koch-Straße
Königstraße, Lokstedt	Grelckstraße
Königstraße, Wandsbek	Wandsbeker Königstraße
Körnerstraße, Altona-Altstadt	Grabbestraße
Körnerstraße, Rahlstedt (Meiendorf)	Skaldenweg
Kohdrift, Rissen	Klöwensteenweg
Koldingstraße, Eppendorf	Mangelareweg
Kollaustraße, Lokstedt	Kollauer Heerstraße
Kollaustraße, Niendorf	Kollauer Heerstraße
Konradstraße, Altona	Govertsweg
Konradstraße, Finkenwerder	Bodemannsweg
Konradstraße, Harburg-Mitte	Nartenweg
Kornweg, Niendorf	Ulferusweg
Kösters Weg, Blankenese	Möhlmanns Weg
Krähenhorst, Blankenese	Jörn-Uhl-Weg
Krayenkamp, Schnelsen	Graf-Johann-Weg
Kreuzstraße, Harburg-Mitte	Hoffmeyerstraße
Kreuzweg, Altona	Holtenaustraße
Kreuzweg, Steilshop	Dreeangel
Krokusweg, Altona-Gr.-Flottbek	Flottbeker Stieg
Krumme Straße, Fischbeck	In de Krümm
Krumme Straße, Neugraben	In de Krümm (s. Fischbeck)
Kruppstraße, Ottensen	Ruhrstraße
Kuhberg, Bergedorf	Wiebekingweg
Kupferdamm, Steinwärder-Waltershof	(zum) Ellernholzdamm
Kupferhof, Poppenbüttel	Beim Kupferhammer
Kurze Reihe, Rahlstedt (Oldenfelde)	Mitauer Reihe
Kurze Reihe, Wandsbek (zus. m. Lange Reihe)	Wandsbeker Königsreihe
Kurze Straße, Altona-Altstadt	Willebrandtsweg
Kurze Straße, Bramfeld (zus. mit Fritz-Reuter-Straße)	Havermannstieg
Kurze Straße, Fischbeck	Lütt Rümeken
Kurze Straße, Lokstedt	Karl-Martens-Straße
Kurze Straße, Neugraben	Fittschenweg
Kurze Straße, Sasel	Kehrum
Kurze Straße, Harburg-Wilhelmsburg	Otterhake

L

Ladenbeker Weg, Lohbrügge, von Adolf-Hitler-Straße bis Ladenbeker Furtweg	zu Ladenbeker Furtweg
Lagerstraße, Ottensen	Gaußstraße
Lagerstraße, Harburg-Wilhelmsburg	Breuningstraße
Landscheideweg, Finkenwärder	Finkenwärder Landscheideweg
Landscheideweg, Ochsenwärder	Ochsenwärder Landscheideweg
Landweg Neuland	zu Neulander Straße
Langenkamp, Winterhude	Poelchaukamp
Langereihe, Billstedt	Steinbeker Reihe
Langereihe, Rahlstedt (Oldenfelde)	Rigische Reihe
Lange Reihe, Wandsbek	Wandsbeker Königsreihe
Langer Gang, Curslack	Grashofstieg
Lange Straße, Altona-Altstadt	Kai-Dose-Straße
Langestraße, Wandsbek	Bandwirkerstraße
Lange Straße, Harburg-Mitte	Scheuernweide
Langstück, Hummelsbüttel	Kulenbreden
Langstücken, Wandsbek	Weseler Weg
Legien-Straße, Horn	Scheubner-Richter-Straße
Lehmkoppel, Sasel	Op'n Siek
Leibnizstraße, Rahlstedt (Meiendorf)	Tundrenort
Lemsahler Chaussee. Lemsahl-Mellingstedt	Lemsahler Heerstraße
Lerchenkamp, Wellingsbüttel	Johann-Hübner-Stieg
Lerchenstraße, Rahlstedt (Oldenfelde)	Öselweg
Lerchenweg, Billstedt	Franz-Hogenberg-Kamp
Lerchenweg, Harburg-Wilstorf	Lewenwerder
Lessingstraße. Altona-Altstadt	Kleiststraße

Alter Name:	Neuer Name:
Lessingstraße, Billstedt	Landjägerstieg
Lessingstraße, Neurahlstedt	Warnemünder Weg
Lessingstraße, Harburg-Wilhelmsburg	Eleonorenstraße
Lietberg, Billstedt	An der Kreisbahn
Ligusterweg, Poppenbüttel	Heisterkroog
Liliencronstraße, Eimsbüttel	Von-Watter-Straße
Liliencronstraße, Harburg-Wilstorf	Salzburger Weg
Liliencronstraße, Sasel	Saseler Looge
Liliencronweg, Osdorf	Hemmingstedter Weg
Lilienstraße, Wandsbek	Hortensienweg
Lilienthalstraße, Rahlstedt (Oldenfelde)	Thießenweg
Lindenallee, Lokstedt	Siebenschön
Lindenallee, Othmarschen	Haubargkamp
Lindenallee, Sasel	Am Pfeilshof
Lindenallee, Wellingsbüttel	(zu) Am Pfeilshof, Sasel
Lindenstraße, Altona-Altstadt	Sachsenborn
Lindenstraße, Billstedt	Spökelberg
Lindenstraße, Bramfeld (zus. m. d. Kirschenstraße)	Kaßbeerntwiet
Lindenstraße, Harburg-Mitte	Banatstraße
Lindenstraße, Lohbrügge	Maikstraße
Lindenstraße, Altrahlstedt	Boytinstraße
Lindenstraße, Wandsbek	Am Husarendenkmal
Lindenweg, Wohldorf-Ohlstedt	An der Drosselbek
Litzmannstraße, Wandsbek	Estorffstraße
Litzowstraße, Wandsbek	Gottfried-Litzow-Straße
Lohestraße, Altona-Altstadt	(zu) Kl. Marienstraße
Lohkoppelstraße, Bramfeld	Im Remen
Lohkoppelstraße, Rahlstedt (Meiendorf)	Eddaweg
Lohmühlenstraße, Altona-Altstadt	Esmarchstraße
Lohweg, Bahrenfeld	Riemenschneiderstieg
Lohwisch, Rahlstedt	Waterberg
Lokstedter Weg, Stellingen (zus. mit Kampstraße, Lokstedt)	Gazellenkamp
Lönsstraße, Harburg-Wilstorf	Holzweberstraße
Lornsenstraße, Altrahlstedt	Poggfred
Lothringer Straße, Osdorf	Egidystraße
Louisenweg, Billstedt	Luisenhofstieg
Löwenstraße, Stellingen	Alfred-Brehm-Weg
Löwenstraße, Wandsbek	Rantzaustraße
Ludwigstraße, Harburg	Röhrsstraße
Ludwigstraße, Wandsbek	Hinschenfelder Stücken
Lübecker Chaussee, Sasel, (zus. mit Lübecker Straße, Wellingsbüttel	Saseler Heerstraße
Lübecker Straße u. Boelcke-Straße, Bergedorf	Sichter
Lübecker Straße, Bergstedt (zus. mit d. Hamburger Straße)	Bergstedter Heerstraße
Lübecker Straße, Bramfeld (zus. mit Hamburger Straße)	Bramfelder Heerstraße
Lübecker Straße, Rahlstedt (zus. mit Wandsbeker Straße)	Rahlstedter Heerstraße
Lübecker Straße, Wandsbek (zus. mit Zollstr.)	Wandsbeker Zollstraße
Lübecker Straße, Wellingsbüttel (zus. mit Lübecker Chaussee, Sasel)	Saseler Heerstraße
Lühedeich, Cranz (zus. mit Elbdeich)	Cranzer Elbdeich
Luisenstraße, Blankenese	Karl-Bulcke-Straße
Luisenweg, Othmarschen	Rulantsweg
Lüneburger Straße, St. Georg	Stralsunder Straße
Lünkenstieg, Wellingsbüttel	Hochestieg
Lüttkoppel, Wandsbek	Togoweg
Lützowstraße, Poppenbüttel	Emekesweg
Luruper Chaussee, Lurup (zus. mit Bahrenfelder Chaussee, Bahrenfeld)	Luruper Heerstraße
Luruper Hauptstraße, Lurup	Schenefelder Heerstraße
Luruper Weg, Schnelsen	Wietersheim
Lutherstraße, Bahrenfeld	Lutherhöhe
Lutherstraße, Harburg-Eißendorf u. Heimfeld	Am Kirchenhang
Lutherstraße, Lokstedt	Richard-Menzel-Allee

M

Mackensenstraße, Wandsbek	Lüderitzweg
Magdalenenstraße, Blankenese	Dormienstraße
Maienweg, Bahrenfeld	Bökenremenweg
Maienweg, Niendorf	Langobardenweg
Mansteinstraße, Eppendorf	Max-von-Boehn-Straße
Mansteinstraße, Wandsbek	Paul-Eickhof-Straße

Alter Name:	Neuer Name:
Manteuffelstraße, Wandsbek	Kedenburgstraße
(sog.) Margarethenstraße, Fischbeck (zus. mit Kleine Straße)	Üm de Eck
Margarethenstraße, Othmarschen	(zu) Wrangelstraße
Margarethenstraße, Wandsbek	Behncken-Kammer
Marienstraße, Hamburg-Neustadt	Jan-Valkenburg-Straße
Marienstraße, Harburg-Mitte	Karpathenstraße
Marienstraße, Wandsbek	Schatzmeisterstraße
Markt, Bergedorf	Bergedorfer Markt
Marktplatz, Bahrenfeld	Bahrenfelder Marktplatz
Marktplatz, Niendorf	Niendorfer Marktplatz
Marktstraße, Altona-Altstadt	Altonaer Marktstraße
Marktstraße, Bergstedt, Teilstück in Fortsetzung der Volksdorfer Straße	zu Volksdorfer Heerweg
Teilstück in Fortsetzung der Wohldorfer Str.	Ohlsteder Heerweg
Marktstraße, Billstedt	Steinbeker Marktstraße
Marktstraße, Bramfeld	Bramfelder Marktstraße
Marktstraße, Wandsbek	(zur) Wandsbeker Marktstraße (früher Goethestraße)
Marmstorfer Straße, Sinstorf (zus. mit Sinstorfer Weg, Marmstorf)	Ansgarstraße
Marmstorfer Weg, Langenbeck	Am Frankenberg
Marthastraße, Harburg-Mitte	Gottscheerweg
Martin-Haller-Ring, Winterhude	Hans-Schemm-Platz
Martin-Luther-Straße, Neurahlstedt	Harm-Bohlen-Straße
(sog.) Martin-Martens-Weg, Lokstedt	Martin-Martens-Weg
Mathildenstraße, Altona	zu Schillerstraße
Mathildenstraße, Lokstedt	Bötelroy
Mathildenstraße, Wandsbek	Beim Wandsbeker Rathaus
Matthissonstraße, Nienstedten	Pastor-Thun-Straße
Mauerstraße, Neustadt	Am Stadtborn
Max-Eyth-Straße, Rahlstedt (Oldenfelde) (nördl. Teil)	Nogatstieg
Max-Eyth-Straße, Rahlstedt (Oldenfelde, südl. Teil)	Stargarder Ring
Max-Meier-Straße, Billstedt	Posthornstieg
Meckelfelder Straße, Harburg-Wilhelmsburg	Erzherzog-Karl-Straße
Meckelfelder Straße, Rönneburg	Erzherzog-Karl-Straße
Meiendorfer Straße, Rahlstedt	Meiendorfer Reichsstraße
Meisenstraße, Rahlstedt (Oldenfelde)	Plaggenbrook
Meisenweg, Harburg-Wilstorf	Zehntland
Meisenweg, Niendorf	Leutnant-Preuße-Weg
Meisterstraße, Harburg-Wilhelmsburg	Ole Karkhoff
Mellenbergstraße, Rahlstedt	Nordlandweg
Mendelssohnstraße, Bahrenfeld	Valparaisostraße
Mendelssohnstraße, Eimsbüttel	Schopstraße
Menzelstraße, Bahrenfeld	Menzelallee
Menzelstraße, Lokstedt	Hatesburger Weg
Meyerstraße, Hamburg-Altstadt	Stockmeyerstraße
Meyerstraße, Harburg-Wilhelmsburg	Mergellstraße
Mittelstraße, Billstedt (zus. mit Burgstraße)	Spökelbergring
Mittelstraße, Harburg-Wilstorf	Etschstraße
Mittelstraße, Lokstedt	Henning-Wulf-Weg
Mittelstraße, Nienstedten	Nöltingstraße
Mittelstraße, Wandsbek	Basilierstraße
Mittelweg, Blankenese	Mitteltreppe
Mittelweg, Rotherbaum, Teilstück zwischen Fontenay und Loignyplatz	Francoallee
Mittelweg, Schnelsen	Anna-Susanna-Stieg
Mittelweg, Sinstorf	Steffensweg
Mittelweg, Wellingsbüttel	Deliuskamp
Möhlendamm, Wellingsbüttel	Ovestieg
Möllner Straße, Bahrenfeld	Bernt-Notke-Straße
Moltkestraße, Bergedorf	Elisabeth-Thomann-Weg
Moltkestraße, Eppendorf	Generalstabsweg
Moltkestraße, Lohbrügge	Bodestraße
Moltkestraße, Lokstedt	Hartnitweg
Moltkestraße, Altrahlstedt	Halenbekwisch
Moltkestraße, Wandsbek	Eichtalstraße
Moorburger Straße, Neugraben	Dubben
Moordamm, Neuland	Großmoordamm
Moorkamp, Billstedt	Kampmoortwiet
Moorkamp, Osdorf	Gardinger Weg
Moorkamp, Wellingsbüttel	Trautenauer Stieg
(sog.) Moorstraße, Fischbeck	Fischbecker Moor
Moortwiete, Ottensen	Daimlerstraße
Moorweg, Hummelsbüttel	Wildes Moor
Moorweg, Lohbrügge	Ünnerbarg

Alter Name:	Neuer Name:
Moorweg, Neuenfelde	Nincoper Moorweg
Moorweg, Poppenbüttel	Kupferteichweg
Moorweg, Steilshop	(zu) Koppenried
Mörikestraße, Rahlstedt (Meiendorf)	Hollingstedter Stieg
Mozartstraße, Bahrenfeld	Panamastraße
Mozartstraße, Harburg-Mitte	Hermannstädter Weg
Mozartstraße, Rahlstedt (Meiendorf)	Flintspanort
Mozartweg, Lokstedt	Repgowweg
Mühlenberg, Hamburg-Neustadt	Bei Casparus
Mühlendamm, Altona-Altstadt	Schleichstraße
Mühlendamm, Kirchwärder	Kirchwärder Mühlendamm
Mühlenstraße, Harburg	(zu) Harburger Schloßstraße
Mühlenstraße, Meiendorf	Fritz-Stark-Weg
Mühlenstraße, Schnelsen	Peter-Timm-Straße
Mühlenstraße, Wandsbek (zus. m. Holstenstr.)	Wandsbeker Mühlenstraße
Mühlenstraße, Wellingsbüttel	Eekboom
Mühlenweg, Billstedt	Billstedter Mühlenweg
Mühlenweg, Harburg-Wilstorf	Österreichische Straße
Mühlenweg, Ochsenwärder	Ochsenwärder Mühlenweg
Mühlenweg, Othmarschen	Othmarscher Mühlenweg
Mühlenweg, Sasel	Saseler Mühlenweg
Münzmarkt, Altona-Altstadt	Altonaer Münzmarkt
Müssenredder, Billstedt	Havighorster Redder
Müssenweg, Lemsahl	Spechtort

N

Nachtigallenstraße, Altona-Altstadt	(zu) Lerchenstraße
Nachtigallenweg, Rahlstedt (Oldenfelde)	Pernauer Stieg
Naumannsweg, Eppendorf	Johannes-Naumann-Weg
Neanderstraße, Hamm	Quellenweg
Nelkenweg, Billstedt	Heinrich-Stück-Gang
Neue Burg, Altona-Altstadt	Klaus-Stallknecht-Straße
Neuedeich, Bergedorf-Curslack	Curslacker Neuer Deich
Neue Deich, Moorburg	zu Moorburger Elbdeich
Neuenfelder Straße Fischbeck	Dritte Meile
Neuenfelder Straße, Harburg-Wilhelmsburg	Stillhorner Neuenfeld
Neuenfelder Straße, Liedenkummer bis zur Grenze gegen Hove	Nincoper Straße
Neuenfelder Straße, Neuenfelde	Hasselwerder Straße
Neuer Weg, Bergedorf	(zu) Neue Straße
Neuer Weg, Blankenese	Strandtreppe
Neuer Weg, Harburg-Wilhelmsburg	Am Spreengraben
Neue Straße, Billstedt	Hauskoppel
Neue Straße, Harburg-Mitte	Ludowiegweg
Neugrabener Straße, Fischbeck	Nigravenstraat
Neuhofer Straße, Steinwärder-Waltershof	Am Elbtunnel
Neuhof, Kl.-Flottbek	Beim Quellental
Neulandsweg, Othmarschen	Buenos-Aires-Straße
Neustraße, Bramfeld	Sünnrosen
Neustraße, Wandsbek	Wandsbeker Neustraße
Newmans Park, Nienstedten	Lippischer Hof
Nibelungenweg, Wandsbek	Reisnerskamp
Niedersachsenweg, Rönneburg	Niedersachsenkamp
Niendorfer Straße, Eppendorf	Tettenbornstraße
Niendorfer Weg, Eidelstedt und Stellingen (Ostteil, am Niendorfer Gehege verlaufd., und „Im Gehölz", Niendorf)	Niendorfer Gehege (Eidelstedt, Stellingen und Niendorf)
Niendorfer Weg, Eidelstedt (Westteil, von d. Kieler Straße bis zur Niendorfer Grenze)	Rungwisch
Nienkamp, Othmarschen	Argentinische Straße
Nienkamp, Poppenbüttel	Hinsbeker Berg
Nincoperdeich, Neuenfelde	Nincoper Heerweg
Norderdeich, Finkenwärder	Finkenwerder Norderdeich
Norderdeich, Moorwärder	Moorwerder Norderdeich
Norderkirchweg, Altenwerder	Altenwerder Kirchweg
Norderstraße, Altona	Nopitschweg
Novalisstraße, Altona-Kl.-Flottbek	Hans-Lüdemann-Stieg

O

Obhof, Niendorf	Karl-Gustav-Weg
Ohe, Sasel	Norder-Ohe
Ohldörp, Niendorf	Graf-Klaus-Straße
Ohlendörp, Poppenbüttel	Olendörpredder

Alter Name:	Neuer Name:
Ohlendorffstraße, Rahlstedt	Am Ohlendorffturm
Ohlendorffs Allee, Ottensen	Susette-Borkenstein-Straße
Ohlstedter Weg, Bergstedt	zu Lottbeker Weg
Öjendorfer Straße, Wandsbek, Teilstück südlich RAB.	Bei den Haferblöcken
Osterbergstraße, Fischbeck	Langen Grund
Osterfeldweg, Marmstorf	Maanbloom
Osterstraße, Harburg-Wilstorf	Prinz-Eugen-Straße
Östlicher Hinterdeich, Moorburg	Moorburger Hinterdeich
Otto-Blöcker-Straße, Bergedorf	Wachsbleiche
Otto-Straße, Eidelstedt	Brunsbüttler Weg

P

Papenstraße, Altona	Hinrich-Dultz-Straße
(sog.) Pappelallee, Fischbeck	Schewe Boomstraat
Pappelallee, Rahlstedt (Oldenfelde)	Feldwebel-Hencke-Weg
Pappelallee, Lokstedt	Sorthmannweg
Pappelstieg, Sülldorf	(zu) Siebenbuchen
Pappelweg, Bramfeld	Peerschentwiet
Pappelweg, Wellingsbüttel	Troppauer Stieg
Parallelstraße, Altona-Altstadt	Eifflerstraße
Parallelstraße, Altrahlstedt	(zu) Boytinstraße (früher Lindenstraße)
Parallelweg, Harburg-Mitte	Niederelbische Straße
Parkstraße, Billstedt	Niederschleems
Parkstraße, Harburg-Mitte	Kremnitzer Gasse
Parkstraße, Poppenbüttel	Strutzweg
Parkstraße, Altrahlstedt	Brede Wisch
Parkstraße, Sasel	Alfred-Martens-Straße
Parkweg, Sinstorf	An den Beeten
Pasmannstraße, Neustadt	Pasmannweg
Paul-Bäumer-Straße, Harburg-Wilstorf	Roseggerstraße
Paulstraße, Altona-Altstadt	Otzenstraße
Paulstraße, Wandsbek	Iversstraße
Pauls Weg, Lokstedt	Kummerfeldtsweg
Pestalozziplatz, Othmarschen	Bahiaplatz
Pestalozzistraße, Harburg-Eißendorf u. Heimf.	Gotthelfstraße
Pestalozzistraße, Othmarschen	Bahiastraße
(sog.) Peter-Cölln-Weg, Lokstedt	Peter-Cölln-Weg
Petersstraße, Neuengamme	Landvogt-Peters-Straße
Petersstraße, Volksdorf	Klaus-Ferck-Straße
Petersweg, Harburg-Wilhelmsburg	Compeweg
Pfeilshoferweg, Sasel	Wölcken-Straße
Pfiersbargweg, Lemsahl	Pfiersbarg
Philosophenweg, Rahlstedt (Meiendorf)	Harpunenkamp
Platanenallee, Lokstedt	Butenfeldsreem
Poppenbüttler Chaussee, Duvenstedt	Duvenstedter Heerstraße
Poppenbütteler Straße. Wellingsbüttel (zus. mit Hamburger Straße)	Wellingsbüttler Heerweg
Poststraße, Altona-Altstadt	(zu) Goethestraße
Poststraße, Marmstorf	Friedrich-Freudenthal-Straße
Postweg, Harburg-Eißendorf u. Heimefeld	Alter Postweg
Postweg, Wandsbek	Botenstieg
Preußerstraße, Altrahlstedt	Am Friedhof
Primelweg, Groß-Flottbek	Driftstieg
Primelweg, Wandsbek	Begonienweg

Qu

Quellental, Lokstedt	Mechthildweg
Querstraße, Rahlstedt (Oldenfelde)	Libauer Reihe
Querstraße, Harburg-Wilhelmsburg	Schutenort
Querstraße, Lokstedt	(zu) Am Rütersberg
Querweg, Altenwerder	Altenwerder Querweg
Querweg, Fischbeck	Werwolfweg
Querweg, Kirchwärder	Kirchwärder Querweg

R

Rabenhorst, Niendorf	Schwedenkamp
Raboisen, Altona-Altstadt	(zu) Schlöngang
Rahlstedter Kirchenweg, Jenfeld	(zu) Öjendorfer Straße
Rahlstedter Weg, Billstedt	(zu) Schiffbeker Weg, Wandsb.

Alter Name:	Neuer Name:
Rahlstedter Weg, Sasel (unter Hinzuziehung eines Teils des ehemaligen Berner Weges in Sasel (vom Markt in Sasel bis zur Einmündung in den Rahlstedter Weg)	Meiendorfer Mühlenweg
Rahnstraße, Bramfeld, die nördliche Abzweigung	Maimoortwiete
Rainkamp, Altona-Altstadt	Monsweg
Rainweg, Altona-Altstadt	Arrasweg
Rainweg, Volksdorf	Dusenschön
Rathausmarkt, Altona-Altstadt	Altonaer Rathausmarkt
Rathausplatz, Harburg-Mitte	Auslandsdeutscher Platz
Rathausstraße, Harburg-Mitte	Grupenstraße
Redder, Rahlstedt	Altrahlstedter Redder
Redder, Rissen	Herwigsredder
Réesweg, Ohlsdorf	Justus-Strandes-Weg
Rehagen, Hummelsbüttel	Alter Rehagen
Rehhagen, Eppendorf	Knauers Eck
Rehhagen, Schnelsen	(zu) Am Rah
Rehmbrook, Wandsbek	Südwestkamp
Rehmkoppel, Bramfeld	Wepeldoorn
Reichenstraße, Altona-Altstadt	Am Nobistor
Reinbeker Weg I, Altrahstedt (nördl. Teil)	Sorenkoppel
Reinbeker Weg II, Altrahlstedt (südl. Teil)	Bessenkamp
Rembrandtstraße, Harburg-Wilstorf	Kärntner Straße
Rennbahnstraße, Wandsbek	Klein-Jüthorn-Straße
Reuterstraße, Rahlstedt (Meiendorf)	Reinsal
Reuterstraße, Uhlenhorst	Stolbergstraße
Richard-Dehmel-Straße, Blankenese	Coronelstraße
Richard-Dehmel-Straße, Eimsbüttel	Robert-Garbe-Straße
Richard-Dehmel-Straße, Rahlstedt	Jasper-Pentz-Weg
Richardstraße, Othmarschen	Santosstraße
Richardstraße, Rahlstedt (Oldenfelde)	Sommestraße
Richthofenstraße, Bergedorf	Hans-Balzer-Straße
Ringstraße, Schnelsen	Bi'n Sassenhoff
Ritterstraße, Bergedorf	Rektor-Ritter-Straße
Robert-Koch-Weg, Blankenese	Schenefelder Diek
Roggenkamp, Sasel	Wildehowetweg
Rombergstraße, Eimsbüttel	Rombergdamm
Rönkamp, Stellingen	Basselstieg
Rönneburger Weg, Sinstorf	Rönneburger Kirchweg
Roonstraße, Bergedorf	Dreieichenweg
Roonstraße, Eppendorf	Hans-Hübner-Straße
Roonstraße, Altrahlstedt	Rungholt
Roonstraße, Wandsbek	Theodor-Birt-Straße
Röperstraße, Altona-Altstadt	Sägmühlenstraße
Röperstraße, Wandsbek	Johann-Röper-Straße
Rosenhag, Schnelsen	Radenwisch
Rosenstraße, Bergedorf	Arnoldistieg
Rosenstraße, Bramfeld	Larktwiet
Rosenstraße, Wandsbek	In der Gartenstadt
Rosenweg, Billstedt	Danckwarthsweg
Rosenweg, Harburg-Wilhelmsburg	Meislingweg
Rosenweg, Marmstorf	Nixenstieg
Rosenweg, Poppenbüttel	Gagelkamp
(sog.) Roststraße, Fischbeck	Roststraat
Rotdornweg, Wellingsb. (zus. m. Haselbusch)	Leitmeritzkamp
Rotenhauschaussee, Bergedorf	Rotenhäuser Reichsstraße
Roter Brückenweg, Billstedt	Rotenbrückenweg
Rückertstraße, Ottensen	Bessemerweg
Rückertstraße, Neurahlstedt	Ebersmoorweg
Rugenberg, Wandsbek	Lütten Oh
Rüterskamp, Marmstorf	Rütersstieg

S

Saarstraße, Lokstedt	Offakamp
Saartreue, Wellingsbüttel (der Name der Straße bleibt als solcher bestehen, doch wird eine zum ehemaligen Eckerkamp, der künftigen Fritz-Reuter-Straße, führende südl. Abzweigung der Straße Karlsbrunner Stieg benannt)	
Sachsenstraße, St. Georg	Niedersachsenstraße
Sachsenstraße (zus. mit Große Straße), Bergedorf	Sachsentor

Alter Name:	Neuer Name:
Sahrenweg, Lemsahl	In de Soren
Sandkamp, Bahrenfeld	Bökenremen
Sandkamp, Billstedt	Schlongenkoppel
Sandkamp, Niendorf	Chaukenweg
Sandstücken, Sülldorf	Wüstland
Sandweg, Altona-Stellingen	Pelikanstieg
Sandweg, Steilshop	Appelhoff
Sandweg, Volksdorf	Paul-Mahr-Straße
Sanitasstraße, Harburg-Wilhelmsburg	Reinstorfstraße
Schäferkamp, Blankenese	Darbovenstieg
Schäferkamp, Sasel	Schäfersruh
Schäferstraße, Eimsbüttel	Wallmodenstraße
Schäferstraße, Rahlstedt (Meiendorf)	Herdenpfad
(sog.) Scharnhorststraße, Bergedorf	Hans-Lody-Straße
Scharnhorststraße, Eppendorf	Am Fährkroog
Scharnhorststraße, Harburg-Wilhelmsburg	Billungerweg
Scharnhorststraße, Poppenbüttel	Lambertistieg
Scharnhorststraße, Wandsbek	Wartenburgstraße
Schauenburger Straße, Altona-Altstadt	Fürst-Ernst-Straße
Scheffelstraße, Bahrenfeld	Eckerwoort
Scheideholzweg, Fischbeck	In't Schedeholt
Scheideweg, Harburg-Eißendorf u. Heimfeld	Alte Stadtscheide
Schenkendorfstraße, Altona-Gr.-Flottbek	Karl-Mühlenhoff-Weg
Schiernkamp, Poppenbüttel	Heublink
Schillerstraße, Bramfeld	Ringelblomen
Schillerstraße, Neurahlstedt	Parchimer Straße
Schillerstraße, Uhlenhorst	(zu) Winterhuder Weg
Schillerstraße, Wandsbek	Baumeister-Horn-Straße
Schillerstraße, Harburg-Wilhelmsburg	Gehrkensweg
Schillstraße, Poppenbüttel	Eleonore-Prohaska-Weg
Schlageterstraße, Bergedorf	Alfred-Roth-Straße
Schlageterstraße, Bramfeld	Osterkirchstieg
Schlageterstraße, Harburg-Wilstorf	Donaustraße
Schlageterstraße, Niendorf	Hildebrandskamp
Schlageterstraße, Rahlstedt (Meiendorf)	Spitzbergenweg
Schlageterstraße, Wandsbek	Oktaviostraße
Schlageterstraße, Wohldorf-Ohlstedt	Krümmelsdiek
Schlegelstraße, Altona-Kl.-Flottbek	Anton-Schmidt-Weg
Schleusendamm, Duvenstedt (mit Ausnahme des heute zum „Wohldorfer Heerweg" gezogenen kl. Stückes zw. d. ehem. Duvenst. Damm u. d. westl. Teil des Duvenstedter Triftweges)	(zu) Schleusenredder in Wohldorf
Schleusendamm, Duvenstedt (das kl. Stück zw. dem ehem. Duvenstedter Damm u. d. westl. Teil des Duvenstedter Triftweges)	(zu) Wohldorfer Heerweg
Schleusenquai, Hamburg-Altstadt	Bakenkai
Schleusenstraße, Harburg-Wilhelmsburg	Gorrieswerder Damm
Schleusenstraße, St. Georg	Boizenburger Damm
Schleusenweg, Duvenstedt	(zu) Specksahlredder
Schleusenweg, Hamburg-Neustadt	Am Alsterfleet
Schloßstraße, Bergedorf	Bergedorfer Schloßstraße
Schloßstraße, Harburg-Mitte	Harburger Schloßstraße
Schloßstraße, Wandsbek	Wandsbeker Schloßstraße
Schmaler Weg, Altona-Altstadt	Esmarchstieg
Schmale Straße, Fischbeck	Schoolheid
Schmidtstraße, Harburg-Wilhelmsburg	Schmidtsbreite
Schmiedestraße, Hummelsbüttel	Brillkamp
Schmiedestraße, Lohbrügge	Johannes-Rabe-Stieg
Schmiedestraße, Fischbeck	Bi de Dörpsmeed
Schnelsener Weg, Eppendorf	Winzeldorfer Weg
Schnelsener Weg, Lokstedt-Niendorf	Hadermannsweg
Schreberallee, Eidelstedt	Halstenbeker Stieg
Schreberweg, Wandsbek	Schrebergartenstieg
Schröderstraße, Eidelstedt	Oortskamp
Schubertstraße, Bahrenfeld	Groot Farfkamp
Schubertstraße, Rahlstedt (Meiendorf)	Steppenweg
Schulberg, Poppenbüttel	Ludwig-Frahm-Weg
Schulenbecksweg, Hamm	Mordtmannsweg
Schulheide, Fischbeck	Schoolheid
Schulstraße, Duvenstedt	Idenkamp
Schulstraße, Harburg-Mitte	Bei der Bühne
Schulstraße, Hummelsbüttel	Eimsreem
Schulstraße und Dorfstraße, Lohbrügge	Binnenfeldredder
Schulstraße, Lokstedt	Stotloh
Schulstraße, Ottensen	Nernstweg
Schulstraße, Sasel	Kunaustraße
Schulstraße, Wellingsbüttel	Schulteßdamm

Alter Name:	Neuer Name:
1. Schulstraße, Wandsbek	Klattstraße
2. Schulstraße, Wandsbek	Göckerstraße
Schulweg, Kirchwärder	Kirchwärder Schulweg
Schulweg, Oldenfelde	Schoolpadd
Schulweg, Wohldorf-Ohlstedt	Melhopsweg
Schumachersallee, Rahlstedt	Runenkamp
Schumannstraße, Bahrenfeld	Max-Reger-Straße
Schusterberg, Fischbeck	Schosterbarg
Schützenweg, Marmstorf	An'n Füürdiek
Schützenweg, Niendorf	Engernweg
Schwabestraße, Moorburg	Nehusweg
Schwalbenstraße, Rahlstedt (Oldenfelde)	Windauer Knickweg
Schwarzer Kamp, Lohbrügge	Rudorffweg
Schwarzer Weg, Schnelsen	Flagentwiet
Schwarze Straße, Wandsbek	Jürgen-Mittel-Straße
Sedanstraße, Altona-Altstadt	Duschweg
Sedanstraße, Harburg-Wilhelmsburg	Niehusen
Seefeld, Altona-Gr.-Flottbek	Am Viereck
Seestraße, Wandsbek	Jenfelder Tannenweg
Segeberger Chaussee, Duvenstedt	Segeberger Heerstraße
Seilerstraße, Harburg-Mitte	Am Soldatenfriedhof
Seilerstraße, Lohbrügge	Seyboldstraße
(sog.) Siedlerstraße, Fischbeck	Gannerbarg
Siedlerweg, Langenhorn	Schwenweg
Siedlungsweg, Volksdorf	Brunsdorfer Weg
Siegfriedstraße, Niendorf	Hadubrandsheide
Siegfriedsweg, Wandsbek	Peter-Werth-Weg
Siemensstraße, Ottensen	Planckstraße
Siemensstraße, Wandsbek	Voßkuhlen
Siemersstraße, Billstedt (Ostteil)	Kaspar-Siemers-Stieg
Siemersstraße, Billstedt (Südteil m. Verläng.)	Kaspar-Siemers-Weg
Sievekingweg, Bahrenfeld	Kalckreuthweg
Sillemstraße, Bergedorf	(zu) Rektor-Ritter-Straße (früher Ritterstraße)
Sinstorfer Weg, Marmstorf	Ansgarstraße (s. Sinstorf)
Skagerrakring, Poppenbüttel	U-Boot-Ring
Skagerrakweg, Blankenese	(zur) Tirpitzstraße
Slomanstraße, Othmarschen	Argentinische Straße
Sonderburger Platz, Ottensen	Kaltenkirchener Platz
Sonderburger Straße, Lokstedt	Jägerdörchloop
Sonderburger Straße, Ottensen	Plöner Straße
Sonnenweg, Osdorf	Barlskamp
Sonninstraße, Altona-Altstadt	Biernatzkistraße
Sophienstraße, Bramfeld	Haldesdorfer Straße
Sophienstraße, Harburg-Wilstorf	Schönererstraße
Sophienstraße, Ottensen	Asmus-Semper-Weg
Sophienstraße, St. Pauli	Detlev-Bremer-Straße
Sophienstraße, Wandsbek	Jungstraße
Sophienterrasse, Harvestehude	General-Knochenhauer-Straße
Sportstraße, Groß-Borstel	Sportallee
Spritzenweg, Blankenese	Bokenstekerweg
Stader Landstraße, Neugraben	Ritzebüttler Reichsstraße
Stader Landstraße, Fischbeck	Ritzebüttler Reichsstraße
Stader Straße, Harburg-Eißendorf u. Heimfeld	Stader Reichsstraße
Stadtparkweg, Marmstorf	Riesenschritt
Stadtweg, Fischbeck	Jungfernheid
Steenkamp, Bramfeld	Seekamp
Steenkamp, Schnelsen	Brüder-Behrmann-Straße
Steenkamp, Wellingsbüttel	Huswedelkamp
Steilshoper Straße, Bramfeld	Pumppeselweg
Steindamm, Lemsahl-Mellingstedt (zus. mit d. Mittelteil d. bish. Dorfstr.	Lemsahler Dorfstraße
Steindamm, Harburg-Wilhelmsburg	Schackendamm
Steinfurther Straße, Horn	Nedderndorfer Weg
Steinkamp, Bergedorf	Lindenbergstraße
Steinkamp, Billstedt	Öjendorfer Steinkamp
Steinkamp, Volksdorf	Vor dem Barkholz
Steinstraße, Altona-Altstadt	Pettenkofer Straße
Steinstraße, Billstedt	Letternkamp
(sog.) Steinstraße, Fischbeck	Sünnenschien
Steinstraße, Lohbrügge	Ohlsstücken
Stephanstraße, Stellingen	(zu) Brunckhorstweg
Sternstraße, Harburg-Eißendorf u. Heimfeld	(zu) Gazertstraße
Sternstraße, Ottensen	Winkelkamp
Sternstraße, Wandsbek	Hinterm Stern
Stettiner Straße, Harburg-Wilhelmsburg	Röörfeld
Steubenplatz, Wandsbek	Tilsiter Platz
Steubenweg, Blankenese	(zur) Kösterbergstraße

Alter Name:	Neuer Name:
Stieglitzstraße, Rahlstedt (Oldenfelde)	Dorpater Weg
Stiftstraße, Altona	Hermann-Schnell-Straße
Stiftstraße, Wandsbek	Böhmestraße
Stoltenkai, Steinwärder-Waltershof	Argentinienkai
Stoltenpark, Borgfelde	Hammerbrooker Park
Stormstraße, Altona-Altstadt	Zeisestieg
Stormstraße, Harburg-Wilstorf	Steirische Straße
Strandweg, Wandsbek	Am Tonndorfer Strand
Straßburger Straße, Barmbeck (zus. mit Ad.-Hitler-Damm, Wandsbek)	Straßburger Straße
Süderdeich, Finkenwerder	Finkenwärder Süderdeich
Süderdeich, Moorwärder	Moorwärder Süderdeich
Süderstraße, Harburg	Harburger Reichsstraße
Südstraße, Bergedorf	Töpferhof
Surenland, Farmsen, die südliche Abzweigung von der Hermann-Göring-Straße	Am Rönk
Sylter Weg, Billstedt	Dagebüllweg

T

Talstraße, Blankenese	Am Hirschpark
Talstraße, Bramfeld	Im Harnisch
Talstraße, Harburg-Mitte	Wolgastraße
Talstraße, Lokstedt	Hofloh
Talstraße, Rahlstedt (Meiendorf)	Dassauweg
Talstraße, Sasel	Mergelgrund
Tannenstraße, Billstedt	Wegkoppel
Tannenstraße, Bramfeld	Kienholt
Tannenstraße, Harburg-Wilhelmsburg	Herzogstätte
Tannenweg, Poppenbüttel	Rehdersweg
Tannenweg, Altrahlstedt	Burvagtsheid
Taubenstraße, Ottensen	Ernst-Abbe-Straße
Teichstraße, Altona-Altstadt	Am Möörkenteich
Teichstraße, Bramfeld	Bräsigkamp
Teichstraße, Neurahlstedt	Beim Heckende
Teichstraße, Schnelsen	Am Dorfteich
Teichweg, Volksdorf	Waldweg
Teichweg, Wellingsbüttel	Paul-Sperling-Twiete
Teutonenweg, Niendorf	Nordalbingerweg
Theodor-Körner-Straße, Bramfeld	Möschenreem
Theodor-Körner-Straße, Harburg-Mitte	Neusaatzer Gasse
Theodor-Storm-Straße, Altrahlstedt	Köterholtwisch
Theodor-Storm-Weg, Niendorf	Gandersheimer Weg
Thielengasse, Winterhude	Georg-Thielen-Gasse
(sog.) Thiemannstraße, Fischbeck	Thiemannstraat
Thormannstraße, Eidelstedt	Thormannweg
Tieckstraße, Altona-Kl.-Flottbek	Wilhelm-Heidkamp-Stieg
Timm-Kröger-Weg, Niendorf	Bernwardkoppel
Timmsweg, Hummelsbüttel	Am Backofen
Tirpitzstraße, Wandsbek	Eckertstraße
Togostraße, Osdorf	Tönninger Weg
Tondener Straße, Lokstedt	Callenbergweg
Tonderner Straße, Ottensen	Leunastraße
Tondernstraße, Wandsbek	Willöperstraße
Tonndorfer Straße, Barmbeck	Bredstedter Straße
Tonndorfer Straße, Rahlstedt (zus. mit Hauptstraße, Wandsbek)	Tonndorfer Weg
Tolenredder, Neurahlstedt	Lüttje Remon
Tresckowstraße, Eimsbüttel	Marschall-Vorwärts-Straße
Trettaustraße, Harburg-Wilhelmsburg (südwestlicher Teil)	Planges Deich
Triftstraße, Harburg-Eißendorf u. Heimfeld	An der Bünte
Triftweg, Duvenstedt (besteht nach Auskunft der Gemeinde nicht. Fällt weg!)	
Trommerstraße, Stellingen	Trommerdamm
Tunnelstraße, Eidelstedt	Wittenmoor
Turnstraße, Altona	Schmarjestraße
Turnstraße, Billstedt	Peter-Schöffer-Stieg
Twiete, Ochsenwärder	Ochsenwärder Twiete
Twiete, Sinstorf	Sinstorfer Schultwiete

U

Uferstraße, Billstedt	An der Glinder Au
Uferstraße, Wandsbek	Am Wandse-Ufer
Uferweg, Rahlstedt	Rahlstedter Uferweg
Uhlandstraße, Bergedorf	Karl-Grau-Straße

Alter Name:	Neuer Name:
Uhlandstraße, Gr.-Flottbek	Karl-Straß-Weg
Uhlandstraße, Rahlstedt (Meiendorf)	Holmgard
Ulmenstraße, Altona-Gr.-Flottbek (zus. mit Ostteil der Klaus-Groth-Straße)	Georg-Waitz-Straße
Ulmenstraße, Bahrenfeld	Georg-Waitz-Straße
Ulmenstraße, Lohbrügge	Ulmenlieth
Ulmenweg, Bergedorf	Lampenland
Ulmenweg, Billstedt	Schiffbeker Schanze
Ulmenweg, Bramfeld	Griesbeerntwiet
Ulmenweg, Harburg-Eißendorf u. Heimfeld	Supplinburgerweg
Ulmenweg, Lemsahl-Mellingstedt	Beim Treudelberg
Ulmenweg, Rahlstedt	Sandfontein
Unnastraße, Eppendorf	Hans-Much-Weg

V

Alter Name:	Neuer Name:
Vahrendorfer Straße, Sinstorf	Vahrendorfer Heerweg
Veddeler Brückenstraße, Veddel (zus. m. Harburger Chaussee bis zur Adolf-Hitler-Str., Wilhelmsburg)	Veddeler Reichsstraße
Veitsweg, Hamm	Wurmsweg
Verbindungsstraße, Lohbrügge	Gustav-Stille-Weg
Verbindungsweg, Wellingsbüttel	Von-Kurtzrock-Ring
Vereinsstraße, Harburg-Wilstorf	Am Melzenberg
Vereinsstraße, Altrahlstedt	Radolfsweg
Vereinsstraße, Schnelsen	Sigiburg
Vereinsstraße, Wandsbek	Von-Hein-Straße
Vereinsweg, Harburg-Eißendorf u. Heimfeld	Am Kaiserstuhl
Vierländer Straße, Billwärder Ausschlag	Vierländer Damm
Viktoriastraße, Altona-Altstadt	Elferstraße
Vinckestraße, Ottensen	Vinckes Wende
Vogelbeerweg, Wellingsbüttel	Friedlandgasse
Vogelweide, Bahrenfeld	Sommerlust
Volksdorfer Straße, Bergstedt (zus. mit Bergstedter Weg, Volksdorf)	Volksdorfer Heerweg
Volksdorfer Straße, Wandsbek	Walddörfer Straße
Volksdorfer Straße, Wellingsbüttel	(zu) Volksdorfer Weg in Sasel
Volksdorfer Weg, von Mellenbergstr. bis zur Grenze	(zu) Meiendorfer Weg, Volksdf.
von Mellenbergstr. bis Andreas-Hofer-Str.	(zu) Nordlandweg
von Andreas-Hofer-Str. bis Meiendorfer Str.	Grönländer Damm
vom-Stein-Straße, Poppenbüttel	Johanna-Stegen-Weg
von-Bülow-Straße, Altrahlstedt	Güstrower Weg
von-der-Tann-Straße, Ottensen	Halkettstraße
von-der-Tann-Straße, Wandsbek	Puvogelstraße
von-Werder-Straße, Blankenese	Christian-August-Weg
Vossenstraße, Altona-Altstadt	Linnichstraße
Voßberg, Billstedt	Kohlbarg
Voßstraat, Poppenbüttel	Dachskamp
Voßstraße, Wandsbek	Zitzewitzstraße

W

Alter Name:	Neuer Name:
Wacholderweg, Poppenbüttel	Thees-Bott-Weg
Wacholderweg, Rissen	Wateweg
Wagnerstraße, Bahrenfeld	Perustraße
Wagnerstraße, Lokstedt	Herlingsburg
Wagnerstraße, Rahlstedt (Meiendorf)	Wildgansstieg
Walderseestraße, Lokstedt	Brunsberg
Waldfrieden, Bramfeld	(zu) Grootmoor (früher Grodmoor)
Waldring, Winterhude	Linnering
(sog.) Waldschlucht, Fischbeck	Dependal
Waldstraße, Altrahlstedt.	Blinkmannsweg
Waldstraße, Lohbrügge	Höperfeld
Waldstraße, Niendorf	Am Bondenwald
Waldstraße, Rissen	Gudrunstraße
Waldstraße, Volksdorf	Dickenbären
Waldstraße, Wellingsb. (zus. mit Kastanienweg, Eckerkamp, Feldstraße)	Sudetendeutsche Straße
Waldstraße, Wandsbek	Gehölzweg
Wallstraße, Harburg-Mitte	Wallgraben
Walter-Flex-Straße, Harburg-Wilstorf	Linzer Gasse
Walter-Flex-Weg, Blankenese	Harm-Pieper-Weg
Wandsbeker Straße, Bramfeld	(zu) Bürgermeister-Steen-Straße in Wandsbek

Alter Name:	Neuer Name:
Wandsbeker Straße, Rahlstedt (zus. mit Lübecker Straße)	Rahlstedter Heerstraße
Weberstraße, Bahrenfeld	Havanaweg
Weberstraße, Rahlstedt (Meiendorf)	Schneehuhnstieg
Weddestraße, Horn	Klefekerdamm
Weddigenplatz, Poppenbüttel	Steinbrinck-Platz
Weddigenstraße, Wandsbek	Dominikweg
Weg am Versorgungsheim, Bergstedt	Beim Bergstedter Altersheim
Weidenstieg, Sasel	Kleverwisch
Weidenstraße, Altenwerder	Sielpool
Weidenstraße, Altona-Altstadt	Virchowstraße
Weidenstraße, Schnelsen	Süntelstraße
Weizenkamp, Sasel	Blöckhorn
Wellingsbüttler Straße, Poppenbüttel (zus. m. d. Südteil der ehem. Hauptstr. in Poppenbüttel bis z. Höhe d. jetzig. Schleusentwiete in Poppenbüttel)	Schleusenheerweg
Wendenweg, Niendorf	Moorflagen
Wentzelstraße, Winterhude	Wentzelstieg
Werderstraße, Harburg-Mitte	Grubesweg
Werderstraße, Harvestehude	Werderallee
Werderstraße, Lokstedt	Höxterstraße
Werderstraße, Wandsbek	Kornbergstraße
Werftstraße, Harburg-Wilhelmsburg	Grootweid
Westerdeich, Finkenwärder	Finkenwärder Westerdeich
Westerdeich, Moorwärder	Moorwärder Westerdeich
Westerdeich, Reitbrook	Reitbrooker Westerdeich
Westerkamp, Wandsbek	Nebendahlsweg
Westerweg, Blankenese	Karsten-Brandt-Weg
Westgrenze, Eimsbüttel	(zu) Högenstraße (Stellingen)
Wielandstraße, Altona	Grimmelshausenweg
Wiesengrund, Eidelstedt	Wiesenacker
Wiesengrund, Niendorf	Wildgrund
Wiesenstraße, Harburg-Wilstorf	Wiener Straße
Wiesenstraße, Lokstedt	Breefoord
Wiesenstraße, Wandsbek	Dammwiesenstraße
Wiesenweg I, Billstedt	Behaimweg
Wiesenweg II, Billstedt	Hasenbanckweg
(sog.) Wiesenweg, Fischbeck	Heunermoor
Wiesenweg, Lohbrügge	Ruseler Weg
Wiesenweg, Neugraben	Heunermoor (s. Fischbeck)
Wikingerweg, Niendorf	Ohmoor
Wilhelminenstraße, Altona-Altstadt	Am Hexenberg
Wilhelminenstraße, Altona	Hein-Hoyer-Straße
Wilhelminenstr., Harburg-Eißendorf u. Heimf.	Eichenhöhe
Wilhelm-Raabe-Straße, Altona- Gr.-Flottbek	Rilkeweg
Wilhelm-Raabe-Straße, Harburg-Wilstorf	Eisenstädter Stieg
Wilhelm-Raabe-Weg, Niendorf	Quedlinburger Weg
Wilhelmstraße, Altona-Altstadt	Matthäus-Chemnitz-Straße
Wilhelmstraße, Altrahlstedt	(zu) Buchwaldstraße
Wilhelmstraße, Billstedt	Gothaer Weg
Wilhelmstraße, Harburg-Wilhelmsburg	Brünner Straße
Wilhelmstraße, Lohbrügge	Bergnerstraße
Wilhelmstraße, Lokstedt	Röwerlöwenkamp
Wilhelmstraße, Wandsbek	Zieseni ßstraße
Wilmansstraße, Harburg-Wilhelmsburg	Adolf-Wilmans-Straße
Winckelstraße, Hamburg-Neustadt	Ulricusstraße
Winkelstraße, Harburg	Pionierweg
Winkelstraße, Lohbrügge	Wisserstraße
Winsener Chaussee, Langenbeck	Winser Reichsstraße
Winsener Straße, Harburg	Winser Reichsstraße
Winsener Straße, Sinstorf	Winser Reichsstraße
Wirtschaftsweg, Gut Moor	Wirtschaftsweg West und Wirtschaftsweg Ost
Wischhof, Sasel	Mölenpütt
Wittenkamp, Rissen	Fruteweg
Wittenkampsweg, Lemsahl	zu Ödenweg
Wittigstraße, Altrahlstedt	Otto-Wittig-Straße
Wohldorfer Straße, Bergstedt	Ohlstedter Heerweg
Wörden, Langenhorn	Wörenstieg
Wrangelstraße, Eppendorf	Belowdamm
Wrangelstraße, Wandsbek	Wißmannsweg
Wullschrodt, Wandsbek	Ostafrikadamm

Y

Yorckstraße, Poppenbüttel	Domkapitelweg

Alter Name:	Neuer Name:
Z	
Zeisestraße, Altona	Heinrich-Zeise-Straße
Zeisigstraße, Rahlstedt (Oldenfelde)	Goldinger Stieg
Zeisigweg, Sasel	Brummelhorn
Zeppelinstraße, Gr.-Flottbek	Hans-von-Volkmann-Weg
Zeppelinstraße, Niendorf	Ostfalenweg
Zeppelinstraße, Rahlstedt (Oldenfelde)	Rasch-Weg
Zeppelinstraße, Wandsbek	Dörnbergstraße
Ziegeleiweg, Sasel	Wegzoll
Ziegeleiweg, Wandsbek	(zu) Ölmühlenweg
Zietenstraße, Othmarschen	Ansorgeweg
Zollstraße, Altrahlstedt	Kemmelberg
Zollstraße, Bramfeld, Teilstück in westlicher Fortsetzung der Dietrich-Eckart-Straße	zu Ilenkruut
zwischen Dietrich-Eckart-Straße und Ernst-Moritz-Arndt-Straße	Widenhuk
in südl. Forts. der Ernst-Moritz-Arndt-Str.	zu Wichelkamp
Zollstraße, Wandsbek (zus. mit Lübecker Str.)	Wandsbeker Zollstraße
(sog.) Zum Kiesberg, Fischbeck	Kiesbarg
(sog.) Zum Sindbeck, Fischbeck	Sandbekstieg
Zur Fernsicht, Blankenese	Breckwoldstraße
Zweite Querstraße, Bergedorf	Zweite Dwarstwiete

Kolibri 360 GmbH
Ferdinand-Jühlke-Straße 7
99095 Erfurt, Deutschland
produktsicherheit@kolibri360.de